Briefe aus Afrika

DIAN FOSSEY – MEIN LEBEN MIT DEN GORILLAS

COLLECTION
ROLF HEYNE

Camilla de la Bédoyère

Briefe aus Afrika

DIAN FOSSEY – MEIN LEBEN MIT DEN GORILLAS

Fotos von Bob Campbell

Collection Rolf Heyne

Titel der englischen Originalausgabe: No One Loved Gorillas More
Ins Deutsche übertragen von Heike Brühl

Die Originalausgabe erschien 2005 bei Palazzo Editions Limited,15 Gay Street, Bath BA1 2PH

www.collection-rolf-heyne.de

Umschlag- und Buchgestaltung: Hauptmann und Kompanie
Redaktion, Satz und Herstellung: bookwise, München
Repro, Druck und Bindung: Imago, Singapore

Printed in Singapore

ISBN 3-89910-277-0

Inhalt

VORWORT

Dr. Jane Goodall

Mein erster Eindruck von Dian Fossey, die mir von Louis Leakey vorgestellt worden war, war der einer großen, stattlichen und sehr gut aussehenden Frau mit warmen Augen und einem gewinnenden Lächeln. Wir lernten uns im Ainsworth Hotel in Nairobi kennen, in dem die meisten Protegés und Kollegen von Louis wohnten, wenn sie zu Besuch kamen. Ich weiß noch, dass ich Dian anschaute und dachte, wie faszinierend es wäre, mehr über die Berggorillas zu erfahren. Wir redeten über die Schimpansen und deren Persönlichkeit, unsere langfristigen Forschungspläne und Dians eigene Pläne. Keine von uns konnte ahnen, wie ihr Leben verlaufen würde.

Rückblickend fällt es mir schwer, meinen ersten Eindruck von Dian von dem Bild zu trennen, das ich mir in den 18 Jahren, die ich sie kannte, von ihr gemacht habe. Natürlich kam ihre etwas gequälte Persönlichkeit schnell zum Vorschein. Trotz ihrer Entschlossenheit und ihres unglaublichen Mutes war sie in zwischenmenschlichen Beziehungen unsicher. Wir lernten sie kurz vor Weihnachten kennen. Hugo und ich wollten die Feiertage im Landesinneren verbringen, und wir schlugen Dian vor, uns zu begleiten. Sie war nicht gerade begeistert. Als wir sie drängten, sagte sie, dass sie uns den Urlaub nicht verderben und kein Mitleid von uns wolle – wir würden sie nur einladen, weil Louis uns darum gebeten hätte. Was nicht stimmte. Sie glaubte uns nicht, kam aber trotzdem mit. In jenen Tagen erfuhren wir mehr über ihr kompliziertes Wesen: Im einen Moment sanft und rücksichtsvoll, konnte sie im nächsten vor Wut toben. Die charmante Seite an ihr war jedoch die »echte« Dian. Und sie hatte einen wundervollen, wenn auch etwas derben Sinn für Humor.

Nach Weihnachten verbrachte Dian ein paar Tage in Gombe, da Louis ihr zeigen wollte, wie wir arbeiteten, aber ich war hochschwanger und hatte nur wenig Zeit für sie. Dann sah ich sie einige Jahre nicht wieder, doch kursierten Geschichten über die Bedingungen, unter denen sie arbeitete: der strömende Regen, die Kälte, die Brennnesseln, die Gefahren durch Büffel und Wilderer. Wir schrieben uns sporadisch, doch die meisten Neuigkeiten über Dian kamen von Louis, der sich gern mit ihren Leistungen brüstete, oder von meiner Mutter Vanne, die eine langjährige Freundin von Dian war.

Ich erinnere mich an das Jahr, als Dian widerwillig aus dem Nebel der Virungas auftauchte, um an der Universität von Cambridge ihre Doktorarbeit zu schreiben. Wie ich quälte sie sich damit, ihre immensen Kenntnisse über die Gorillas in eine für die akademische Welt geeignete Form zu pressen. Für Dian war es eine traumatische Erfahrung, die sie so sehr einengte, dass in ihrer Dissertation viele kostbare Informationen fehlten, die so wichtig für das Verständnis der Verhaltensweisen komplexer Wesen sind. Welch ein Glück, dass sie schließlich ihr Buch *Gorillas im Nebel* schrieb, und dass Bob Campbell und andere Fotografen mit ihr zusammenarbeiteten. So konnte sie ihr Wissen weltweit mit einem großen Leserkreis teilen. Welch ein Glück auch, dass die National Geographic Society ihre Abenteuer veröffentlichte – denn Dian wollte unbedingt das Bewusstsein für die Notlage der Gorillas wecken. Und geanau darum wäre sie auch von diesem Buch begeistert.

Am nächsten fühlte ich mich Dian, als sie die Feldarbeit unterbrach und an der Cornell University lehrte und an ihrem Buch schrieb. Es war Dians Idee, ein Minisymposium zu veranstalten, das uns beide mit Leakeys drittem Affen-»Mädchen«, Biruté Galdikas, zusammenbringen sollte (damals waren wir alle »Mädchen«!). Ich wohnte bei Dian, die ihre Wohnung so afrikanisch wie möglich gestaltet hatte: Sie hatte viele Dinge aus ihrer Hütte in Ruanda in ihr Exil mitgebracht, einschließlich ihres Hundes Cindy. Selten wurde ich so verwöhnt. Wir führten lange Gespräche, und sie gab einige ihrer innersten Gefühle preis über die Leute, von denen sie vermutete, dass sie sich aus Eifersucht gegen sie verschworen hatten, die sie aus dem Weg haben und ihr ihre Gorillas wegnehmen wollten. Sie nannte sie immer »meine« Gorillas. Während dieser ganzen Zeit zeigte sich Dian von ihrer charmantesten Seite. Das Symposium mit den »Trimaten«, wie man uns nannte (wir waren auch als »Leakeys Ladys« bekannt!) war so erfolgreich, dass es von der Leakey Foundation in zahlreichen amerikanischen Städten wiederholt wurde. Damals entdeckte ich auch eine unerwartete Seite an Dian – ihre Leidenschaft für elegante Kleidung: Im klassischen Kostüm, mit dezentem Schmuck und ihrem glänzenden dunklen Haar sah sie umwerfend aus.

Wir redeten viel über unsere Forschungsmethoden. Ihr Ansatz ähnelte meinem in vieler Hinsicht: das Vertrauen der Tiere erwerben, so objektiv wie möglich beobachten, jedoch ohne das Einfühlungsvermögen zu unterdrücken, sowie anthropomorphe Interpretationen komplexer Verhaltensweisen zulassen. Ich befürchtete jedoch, dass Dians Daten durch ihre intensive Kommunikation mit den Gorillas beeinflusst werden könnten. Andererseits hatte ich in der Anfangszeit in Gombe auch David Greybeard gelaust und Flos Sprössling gekitzelt und erst damit aufgehört, als ich merkte, dass ich eine Studie durchführte. Obwohl wir versuchten, den Kontakt auf ein Minimum zu beschränken, war es nicht leicht, die Jungtiere davon abzuhalten, sich uns zu nähern und unsere Kleider und Haare zu untersuchen.

Ich erinnere mich noch an meine Bewunderung, als ich davon hörte, wie Dian mit einer Halloweenmaske auf eine Gruppe Wilderer losgegangen war. So etwas hätte ich nie gewagt! Mittlerweile weiß ich natürlich, dass solche Konfrontationen nicht die beste Antwort auf die Aktionen der Einheimischen waren. Aber ich war im naturschutzfreundlichen Tansania und musste nicht den Anblick der Leichen geliebter Schimpansen ertragen, die wegen ihrer Hände oder Schädel abgeschlachtet wurden. Daher kann ich nicht wissen, wie ich mich an Dians Stelle verhalten hätte. Letztlich besteht kein Zweifel, dass Dian mehr als jeder andere zur Rettung der Berggorillas getan hat. Durch sie erfuhren Menschen auf der ganzen Welt etwas über deren sanftes Wesen und komplexe Sozialstruktur. Wir alle, denen diese erstaunlichen Tiere und ihr Schutz etwas bedeuten, sind ihr zu großem Dank verpflichtet.

Heute sind alle Menschenaffen stark gefährdet, und viele glauben, dass die Berggorillas in ihrem schrumpfenden Lebensraum, umgeben von extrem armen Menschen, dem Untergang geweiht sind. Aber es gibt viele Gründe, auf eine bessere Zukunft zu hoffen. Die Natur ist erstaunlich robust, und selbst von der Ausrottung bedrohte Tierarten haben sich durch den Schutz in der Wildnis, manchmal auch durch Zucht in Gefangenschaft, wieder erholt. Heute arbeiten Naturschützer mit Regierungen, privaten Initiativen und großen Stiftungen zusammen, um Pläne zur Rettung der Menschenaffen und ihrer Wälder zu erstellen. Menschen aus der ganzen Welt reisen – nicht zuletzt dank Dians Arbeit – nach Ruanda, um Gorillas zu sehen. Sie bringen Geld mit, sodass die Regierung den Wert wilder Gorillas erkennt. Immer mehr Naturschutzorganisationen arbeiten mit Einheimischen zusammen. Sie bieten ihnen Verdienstalternativen, damit sie die Natur nicht mehr zerstören müssen. Zudem wird weltweit das Bewusstsein für den Naturschutz gefördert, um jungen Menschen zu helfen, bessere Verwalter der Natur zu werden, als wir es waren. Und dank NATIONAL GEOGRAPHIC kennen Tausende von Kindern Dians Namen. Sie ist eine ihrer Heldinnen.

Ich glaube, dass der unerschütterliche Mut des Menschen der beste Grund zur Hoffnung ist. Wie können wir verzweifeln, wenn wir von Menschen umgeben sind, die scheinbar unmögliche Aufgaben in Angriff nehmen, nicht aufstecken und andere inspirieren? Dian gehörte mit Sicherheit zu diesen Menschen. Sie nahm unüberwindliche Hindernisse in Angriff und hat bis zum Schluss nie aufgegeben. Im Namen der Gorillas, die Du so geliebt und für die Du Dein Leben gegeben hast: Danke, Dian.

JG, IM AUGUST 2004

PROLOG

Geschichte der Berggorillas

»Von unserem Lager aus erblickten wir eine Herde schwarzer, großer Affen, welche versuchten, den höchsten Gipfel des Vulkans zu erklettern. Von diesen Affen gelang es uns, zwei große Tiere zur Strecke zu bringen, welche mit großem Gepolter in eine nach Nordosten sich öffnende Kraterschlucht abstürzten. Nach fünfstündiger anstrengender Arbeit schafften wir es, ein Tier angeseilt heraufzuholen. Es handelte sich um einen männlichen, großen, menschenähnlichen Affen mit einer Körperlänge von 1,5 Metern und einem Gewicht von mehr als 200 Pfund. Er hatte keine Brustbehaarung, aber riesige Hände und Füße.«

UNTEN Hauptmann Robert von Beringe, der erste Europäer, der einen Berggorilla sah – und tötete.

Mit einer scheinbar unbekümmerten Einstellung zu seiner bedeutenden Entdeckung dokumentierte Hauptmann Robert von Beringe die erste Begegnung und Tötung zweier Berggorillas durch Europäer. Dem ersten Mann, der die »menschenähnlichen« Wesen erschoss, wurde die Ehre zuteil, dass sie nach ihm benannt wurden. Es war ein schlechter Start für die Unterart der Gorillas, die schließlich als *Gorilla beringei* oder Berggorilla bekannt wurde.

Im Jahr 1902 machte Hauptmann von Beringe keine Wanderung durch die Natur. Er hatte vielmehr die Aufgabe, in einer Region, die damals als Deutsch-Ostafrika bekannt war, die deutschen Stützpunkte zu besuchen und die guten Beziehungen zu den Einheimischen zu stärken. Er reiste mit zwei Begleitern, einer Eskorte aus Askaris (bewaffneten Soldaten) und einer Gruppe von Trägern. Vor der Expedition zeichnete sich der Sabinio ab, ein 3 637 Meter über den Meeresspiegel aufragender Vulkan, der zur Vulkangruppe der Virungas gehört, die im heutigen Grenzgebiet zwischen Ruanda, Uganda und der Demokratischen Republik Kongo (ehemals Belgisch-Kongo/Zaire) liegen. Von Beringe nahm die Herausforderung an, die sich ihm in den Weg stellte, und führte

NÄCHSTE SEITE Ein Blick vom Kanaba-Pass in Uganda auf die Virunga-Vulkane in Ostafrika.

OBEN Carl Akeley, der hier Material für das American Museum of Natural History filmt, jagte 1921 Berggorillas, wurde jedoch später der erste Naturschützer, der sich für ihre Rettung einsetzte.

seine Gruppe auf Elefantenpfaden und durch dichtes Gestrüpp den steilen Berg hinauf. Die Expedition hielt nur 500 Meter vom Gipfel entfernt an, und für die Europäer wurden auf einem schmalen Grat Zelte aufgebaut, während die Askaris und Träger in Felshöhlen Schutz vor dem kalten Wind suchten. Von diesem Aussichtspunkt aus sahen die ersten Europäer die Menschenaffen, eingehüllt in den Nebel einer abgeschiedenen, wunderschönen Umgebung.

Die sterblichen Überreste der Gorillas wurden nach Berlin gebracht, wo sie schließlich mit einem Arm weniger und ohne Haut eintrafen, die eine freche Hyäne an sich genommen hatte. Der Berggorilla wurde erstmals 1903 als neue Spezies, *Gorilla beringei*, bezeichnet. Er ist dem westlichen Flachlandgorilla, *Gorilla gorilla*, so ähnlich, dass er später als Unterart galt und die Bezeichnung *Gorilla gorilla beringei* erhielt. Kürzlich belegte eine Genanalyse jedoch die ursprüngliche Theorie, dass östliche Gorillas eine andere Spezies sind als die westlichen, und so werden die Virunga-Gorillas jetzt als *Gorilla beringei* bezeichnet.

Die Entdeckung einer neuen Tierart, die als Monster angesehen wurde, glich einem Startschuss, und Museumssammler eilten nach Ostafrika, um die größten und besten Exemplare zu erlegen. Allein zwischen 1902 und 1925 wurden schätzungsweise 54 Berggorillas erschossen oder gefangen genommen. Unter der Meute hungriger Jäger befand sich 1921 auch Carl Akeley vom American Museum of Natural History in New York.

Akeley war ein renommierter Erfinder, Fotograf, Bildhauer, Tierpräparator und Jäger. Er hatte ein Verfahren entwickelt, aus Röhren, Draht, Stoff und Gips anatomische Modelle zu bauen, die dann mit gegerbten Tierhäuten überzogen und in plastische Dioramen gesetzt wurden; sie wurden in »lebensechte« Posen gebracht und in eine den natürlichen Lebensraum der Tiere imitierende Kulisse gestellt. 1921 erschoss Akeley fünf Berggorillas, die er für eines seiner berühmtesten Dioramen benutzte, das noch heute in der Akeley Hall of African Mammals des American Museum of Natural History in New York zu sehen ist.

Als Akeley 1923 zu den Virungas zurückkehrte, änderten sich seine Ansichten über die Gorillas grundlegend. Damals schrieb er:

UNTEN Carl Akeley bei der Arbeit am Diorama eines Elefantenbullen für seine Hall of African Mammals im American Museum of Natural History in New York.

Ich werde es nie vergessen. In dem Schlammloch waren die Abdrücke von vier großen Knöcheln, wo der Gorilla seine Hand auf dem Boden hatte. Es gibt auf der ganzen Welt keine andere Spur wie diese … es gibt auf der ganzen Welt keine andere Hand, die so groß ist … Als ich mir die Spur ansah, verlor ich meinen Glauben, der mich und meine Gruppe nach Afrika gebracht hatte.

OBEN Dian Fossey am Grab von Carl Akeley, der starb, bevor er mit der Erforschung der Berggorillas in den Virungas beginnen konnte.

Von neuem Respekt für die Virunga-Gorillas inspiriert, brachte Carl Akeley die belgische Regierung dazu, 490 Quadratkilometer zum Naturschutzgebiet zu erklären: Es war das Erste seiner Art in Afrika. Später wurde es um das gesamte Virunga-Gebiet erweitert und nach dem belgischen König »Albert Nationalpark« benannt. 1926 kehrte Akeley hierher zurück, diesmal in der Hoffnung, die Gorillas zu erforschen. Leider starb er zu Beginn der Expedition. Er wurde in Kabara auf einer blumenübersäten Wiese beerdigt, die zwischen zwei Vulkanen liegt. Er hatte sie als »den schönsten Platz auf der ganzen Welt« beschrieben.

OBEN Walter Baumgärtel, der Louis Leakey als Erster über die Notlage der Menschenaffen informierte.

GEGENÜBER Jeder Gorilla hat einen unverwechselbaren Nasenabdruck. George Schaller verwendete diesen zur Unterscheidung von Individuen aus verschiedenen Gorillagruppen und zur Unterstützung bei seinen Zählungen.

Im Anschluss zeigten nur wenige Wissenschaftler Interesse an der Erforschung der Berggorillas, wahrscheinlich aufgrund der schlechten Presse, die alle Gorillaarten bekommen hatten. Zwar sind Gorillas extrem scheu, doch galten sie auch als wild. Es gab zahlreiche Berichte über Jäger, die von »scheußlichen Fantasiewesen« getötet wurden – ihr Gewehr von Gorillazähnen zermalmt. Einheimische erzählten, wie einer ihrer Begleiter in das Blätterdach des Waldes gehievt wurde, um nach einigen Momenten »als strangulierte Leiche« wieder auf den Boden geworfen zu werden. Wer genügend Mut hatte, die Versuche zur Gorillabeobachtung fortzusetzen, musste sich meist geschlagen geben, da die Gorillas die Zusammenarbeit verweigerten. 1954 scheiterte eine Expedition zur Erforschung der Gorillas kläglich; kein einziger Gorilla wurde gesichtet. Die Anwesenheit von 120 Trägern erklärt vielleicht den Eigensinn der Tiere.

Es war kein Wissenschaftler, sondern ein Laie, der den nächsten entscheidenden Schritt für die Zukunft der Gorillas machte. Walter Baumgärtel war ein Abenteuerreisender, der 1955 ein kleines Hotel gekauft hatte, um sich endlich niederzulassen. Das Traveller's Rest lag in Kisoro im Grenzgebiet von Uganda, Ruanda und Belgisch-Kongo am Fuß des Muhabura in den Virunga-Bergen. Baumgärtel, der begierig war, mehr über seine Gorillanachbarn zu erfahren, nahm sich einen Führer, um den Wald zu erkunden, und wurde mit dem seltenen Anblick einer Gorillafamilie belohnt, die durch ein Bambuswäldchen streifte. Fasziniert von dem Anblick, fragte sich Baumgärtel, ob sich die Zukunft dieser verletzlichen Affen nicht mit der eines eigenen Geschäftsvorhabens verknüpfen ließe. Ihm schwebte eine kleine lokale Touristenattraktion vor, die dem Schutz des Gorillabestands dienen und gleichzeitig sein Hotel füllen würde. Somit legte er Jahrzehnte bevor es allgemein anerkannt wurde, den Grundstein für das Konzept des Gorillatourismus als Teil einer Naturschutzstrategie. Baumgärtel erkannte die Notwendigkeit, wissenschaftliche Forschung in seine Strategie mit einzubeziehen, und setzte sich daher mit dem berühmten Anthropologen und Evolutionsforscher Dr. Louis Leakey in Nairobi, Kenia, in Verbindung.

Walter Baumgärtels Bemühungen hatten zur Folge, dass zwei kleinere Studien über Berggorillas in die Wege geleitet wurden. Leider war keine von ihnen wirklich erfolgreich. Rosalie Osborn half Louis Leakey bei einer archäologischen Ausgrabung in Afrika, als er sie zu den Virungas schickte, um Gorillas aufzuspüren. Osborn verbrachte vier Monate dort und zeichnete alle ihre Beobachtungen gewissenhaft auf, bevor sie nach Schottland zurückgerufen wurde. Die Journalistin Jill Donisthorpe übernahm Osborns Arbeit. Mit wenig Geld und Unterstützung studierte sie die Ernährungsgewohnheiten

und den Lebensraum der Gorillas und hielt sogar dem Scheinangriff eines großen Silberrückens (ausgewachsenes Männchen) stand. Währenddessen arbeitete Louis Leakey einen detaillierten Plan für eine zweijährige Studie über die Virunga-Gorillas aus. Dr. John Emlen, Zoologieprofessor an der University of Wisconsin, erfuhr von dem Plan und diskutierte ihn mit seinem Studenten George Schaller.

Schaller war ein junger amerikanischer Zoologe, der die Geschichte Walter Baumgärtels und die jüngsten Versuche von Osborn und Donisthorpe, die Gorillas zu erforschen, verfolgt hatte – schließlich hatte er gehofft, unter der Leitung seines Mentors, Dr. Emlen, mit einer eigenen Verhaltensstudie beginnen zu können.

Unbeirrt von den Schwierigkeiten seiner Vorgänger reiste Schaller mit seiner Frau Kay am 1. Februar 1959 in den Albert Nationalpark. Finanzielle Unterstützung hatte er in Form von Zuschüssen von der National Science Foundation und der New York Zoological Society erhalten. Die Schallers errichteten schließlich in Kabara, an den Hängen des Mount Mikeno in Belgisch-Kongo und unweit von Carl Akeleys Grab, ein Lager.

Im folgenden Jahr gelangte George Schaller näher an Gorillafamilienverbände heran als irgendjemand zuvor. Er stellte fest, dass man sich lieber bemerkbar machte, anstatt sich vor den Gorillas zu verstecken – trotz des eindeutigen Nachteils, dass das Verhalten der Gorillas dadurch vielleicht beeinflusst wurde. Schaller ging ruhig auf die Gorillas zu und kletterte auf einen Baumstumpf oder Ast, wo er gut sichtbar war. Er glaubte, dass die Gorillas Verhaltensweisen sehr gut einschätzen konnten und wussten, dass er keine Bedrohung für sie darstellte. Seine Annahme erwies sich als richtig, und er konnte sie mehr als 400 Stunden lang beobachten.

Schaller hatte zwar nicht genug Zeit, um eine genaue Zählung durchzuführen, doch als er die Virungas verließ, schätzte er den Berggorillabestand auf 400 bis 500 Tiere. (Als Dian Fossey 23 Jahre später ihr Buch *Gorillas im Nebel* beendete, schätzte sie, dass nur 242 Gorillas übrig waren.) Seine Studien der Lebensweise und des Lebensraums der Berggorillas hielt Schaller in der hoch gelobten wissenschaftlichen Monografie *The Mountain Gorilla* und dem Buch *The Year of the Gorilla* (dt. *Unsere nächsten Verwandten*) – einem persönlichen Bericht über seine Zeit in den Virungas – fest. Auf dieses Buch stützte sich Dian Fossey, als sie 1967 nach Kabara kam, um die Arbeit fortzusetzen, die George Schaller begonnen hatte. Wie Schaller erkannte auch Fossey, dass die Bekanntschaft mit den Gorillas einen Habituationsprozess (Gewöhnungsprozess) erforderte, in dessen Verlauf die Gorillas die Forscher zuerst kennen lernten und schließlich ignorierten.

GEGENÜBER Schallers Arbeit erwies sich später für Dian Fossey als außerordentlich wertvoll. Sie wandte zu Beginn ihrer Forschungen viele seiner Techniken an, vor allem seine Methode zur Gewöhnung, von der sie sich erhoffte, dass sich die Gorillas an ihre Gegenwart gewöhnen und sie dann ignorieren würden.

EINFÜHRUNG

Leidenschaft für Afrika

GEGENÜBER Der Mount Visoke, eingehüllt in den Nebel, der als Inspiration für Dian Fosseys Buchtitel diente.

Als Dian Fossey ihre Geschichte über die Zeit schrieb, die sie unter den »großartigsten aller Menschenaffen« verbracht hatte, nannte sie ihr Buch *Gorillas im Nebel*. Das Buch erschien 1983, und sein Titel spiegelt das Klima der Virungas wider, die regelmäßig in Nebel und Wolken aus kalter, feuchter Luft eingehüllt sind. Er ist aber auch eine Anspielung auf die Schwierigkeiten, das wahre Wesen dieser Tiere zu entdecken. Fosseys Buch beginnt mit einer Passage aus *Carpe Diem* von Lord Houghton, einem Gedicht aus dem 19. Jahrhundert, das den Titel erklärt:

> *Der lichte Nebel,*
> *der sie schwerelos erscheinen lässt,*
> *verbirgt nur, was sie sind.*

Für Fossey war die Erhabenheit der Gorillas deutlich sichtbar; den Wilderern und Politikern, die ihr Überleben bedrohten, blieb ihre Anmut indes verborgen. Dian Fossey bleibt, wie die Gorillas, denen sie ihr Leben widmete, vom Nebel verhüllt; ihre Todesumstände sind nicht das einzige Rätsel in ihrer Geschichte.

Obwohl Fossey Tagebuch führte und Kopien ihrer Korrespondenz aufbewahrte, waren ihre Aufzeichnungen nicht immer zuverlässig. Wenn sie krank war oder Angst vor dem Tod hatte, verbrannte sie die ihrer Meinung nach kritischen Aufzeichnungen und drängte andere, dasselbe mit den Briefen zu machen, die sie von ihr erhalten hatten. Zudem wichen Fosseys Berichte über wichtige Ereignisse in ihrem Leben oft von denen anderer Personen ab, die dabei gewesen waren.

Was auch immer der Wahrheit entsprach, Fossey war zweifelsohne eine Frau mit einer starken Persönlichkeit und von seltenem Mut. Entweder man liebte sie, oder man hasste sie. Es ist kein Zufall, dass eine solche Frau ein Leben in einer abgelegenen Gegend und mit Tieren als Gefährten wählte. Ihre Sehnsucht nach Einsamkeit wurzelte in ihrer Kindheit.

Fossey sprach nur selten über ihre Kindheit in Kalifornien, beschrieb sie aber, wenn sie dazu gedrängt wurde, als sehr unglücklich. Ihre Eltern, George und Kitty Fossey, ließen

OBEN Fosseys Mutter und Stiefvater, Kitty und Richard Price.

sich 1938 scheiden, als Dian, ein Einzelkind, gerade sechs war. George Fossey verschwand gänzlich aus ihrem Leben und tauchte erst viele Jahre später wieder auf, als sie erwachsen war. Ein Jahr nach der Scheidung heiratete Kitty Fossey den wohlhabenden Unternehmer Richard Price; Dian nannte ihn später in ihren Briefen »Vater«. Price war ein strenger und unnachgiebiger Stiefvater. Die Auswirkungen solcher Konstellationen auf ein kleines Kind lassen sich nur erahnen, doch zu dieser Zeit entwickelte Fossey ihre große Tierliebe, vielleicht als Reaktion auf den Schmerz und die Ablehnung, unter der sie litt, nachdem ihr Vater sie verlassen hatte.

Fosseys Interesse an Tieren war nicht das einzige Anliegen in ihrer Kindheit – es herrschte Krieg. Als sie 1977 in Deutschland an einer Konferenz teilnahm, schrieb Fossey einer Freundin über eine Kindheitserinnerung. Sie hatte gerade eine KZ-Gedenkstätte besucht:

Es ist nur etwa 25 Kilometer von Brüssel entfernt, hatte keine Gaskammern – ungefähr 200 von 400 Gefangenen wurden erhängt oder erschossen; ca. 1 000 starben an Krankheiten oder Unterernährung. Ich kann gar nicht erklären, warum ich mir Konzentrationslager anschauen will; du würdest es nicht verstehen, weil du nicht zu meiner Generation gehörst … Als ich etwa 12 Jahre alt war, lief ich von zu Hause weg, um nach Europa zu gehen und den Kriegskindern zu helfen – ich wurde an den Docks im Hafen von San Francisco erwischt.

1949 wurde Fossey von ihrem Stiefvater gedrängt, ins Geschäftsleben einzusteigen, und sie schrieb sich am Marin Junior College für einen geeigneten Kurs ein. 1950 setzte sie jedoch ihren eigenen starken Willen durch: Sie beschloss, ihrem Herzen zu folgen und einen Beruf mit Tieren zu ergreifen. Sie schrieb sich an der Universität von Kalifornien für Tiermedizin ein, fiel jedoch bei den Prüfungen im vierten Semester durch.

Dian musste ihre Zukunft neu überdenken. Sie entschied sich für die Arbeit mit Kindern und machte 1954 am San José State College einen Abschluss als Beschäftigungstherapeutin. Endlich ausgebildet, verließ sie ihren Heimatstaat Kalifornien für immer – nur für ihre Besuche bei Kitty und Richard Price kehrte sie regelmäßig zurück. Sie bekam eine Stelle am Korsair Children's Hospital in Louisville, Kentucky, und machte so die ersten Schritte auf jenem Weg, der sie nach Ruanda und zu den Berggorillas führen sollte.

In Korsair fand Fossey 15 Kilometer von der Stadt entfernt ein heruntergekommenes Häuschen auf einem großen Landgut. Trotz der Einwände des Vermieters, der Ort sei zu abgelegen und daher ungeeignet für eine allein stehende Frau, entschloss sie sich, es zu nehmen; es sollte für die nächsten zehn Jahre ihr Zuhause sein.

Die Arbeit in Korsair gefiel Fossey; sie konnte die meiste Zeit mit Kindern verbringen und die Gesellschaft der übrigen Angestellten meiden. Es gab eine wichtige Ausnahme: Mary White Henry, die Sekretärin des Krankenhausleiters. Zwischen Mary und Dian entstand eine enge Bindung, die trotz der Entfernung, die sie später trennte, Bestand hatte. In den folgenden Jahren verbrachte Fossey viel Zeit mit der Familie Henry und stand Marys Mutter Gaynee sehr nahe.

Mit Mitte 20 sah Dian Fossey eindrucksvoll aus. Sie war über 1,80 Meter groß und schlank, hatte eine gute Figur und ausgeprägte Gesichtszüge, die von dichtem, dunklem Haar umrahmt wurden. Fossey wurde zwar nur selten als gut aussehend bezeichnet, doch war sie eine auffallende Erscheinung. Jetzt, im besten Alter, zeigten Männer ein stärkeres Interesse an ihr. Einer dieser Männer war ein Journalist, der Afrika bereist und Dian aufregende Geschichten über seine Abenteuer erzählt hatte. Eine weitere Verbindung zu Afrika entstand durch die Henrys, die Franz »Pookie« Forrester bei sich aufnahmen und ihn Fossey vorstellten. Er war Rhodesier und wurde von Fossey als »ein Traum« beschrieben.

Pookies Gefühle für Fossey gingen tiefer, und als er die USA und Europa bereiste, überhäufte er seine Liebste mit Briefen. Er wollte, dass Fossey mit ihm nach Afrika ging, doch sie war schon nicht mehr bei der Sache – abgelenkt von einem anderen Mann, Pater Raymond, einem Trappisten aus Irland und weiteren engen Freund der katholischen Familie Henry. Fossey war völlig fasziniert von ihm und trat schließlich zum Katholizismus über.

1960 begab sich Mary White Henry auf eine ausgedehnte Reise nach Afrika und wohnte bei den Forresters in Rhodesien (heute Simbabwe). Als sie mit Geschichten und Fotos von ihrer Reise nach Hause kam, war Fossey hellauf begeistert. Mit ihrer üblichen Entschlossenheit gab sie sich drei Jahre Zeit, um Geld für ihre eigene Safari zu sparen; Fossey plante, noch vor Ende des Jahres 1963 nach Afrika zu gehen.

Als der Tag der Abreise näher rückte, beendete Fossey ihre Vorbereitungen. Sie musste ihre Ersparnisse mit einem Bankdarlehen ergänzen, um die Reise zu finanzieren. Sie würde zwar drei Jahre brauchen, bis sie ihre Schulden abbezahlt hatte, doch dafür konnte sie stilvoll reisen und einen Führer anstellen, der sie durch die Wildparks in Kenia und Tanga-

OBEN Fossey machte 1963 ihre erste Afrika-Safari. Die Reise weckte ihre Begeisterung für das Land und bewirkte, dass sie unbedingt wiederkommen wollte.

njika (heute Tansania) begleitete. Anschließend wollte sie weiter nach Rhodesien zu Pookies Familie fliegen, die sie gerne kennen lernen wollte. Im letzten Monat vor der Reise bekam Fossey eine Lungenentzündung und musste sich krank melden. Sie hatte früher schon einmal an Lungenentzündung und außerdem an Asthma und Allergien gelitten. Trotz ihrer Anfälligkeit für Krankheiten war und blieb Fossey zeitlebens eine starke Raucherin.

Ende September 1963 kam Fossey in Kenia an und genoss die erstklassigen Einrichtungen des Mount Kenya Safari Club. Sie nahm Kontakt zu John Alexander auf, einem britischen Jäger und Führer, den sie für die Fahrt durch die Nationalparks anstellte.

Alexander schlug eine Route vor, die sie durch den ausgedörrten Busch von Tsavo, den größten Nationalpark Afrikas, führte, wo sie Elefanten und Nashörner sehen würden. Von dort aus ging es weiter nach Manyara mit riesigen Flamingokolonien an den Ufern eines Salzsees und anschließend zum Ngorongoro-Krater, berühmt für die großen Tierbestände, die auf seinem fruchtbaren Boden Nahrung finden. Der Krater bedeckt eine Fläche von 260 Quadratkilometern und ist ein Mikrokosmos ostafrikanischer Landschaften und Tiere: Zebras, Gnus, Löwen, Geparden, Leoparden und schwarze Nashörner sind darin zu sehen. Fosseys und Alexanders Reise führte sie weiter nach Westen, vorbei an der Olduvai-Schlucht zur Serengeti-Ebene, bevor sie nach Norden und zurück nach Nairobi fuhren.

Die Safari war auf jeden Fall ereignisreich. Fossey führte Tagebuch und schrieb bissige Kommentare über ihren Führer, den sie für faul und dumm hielt, obwohl sie einräumte, dass er ein guter Fahrer und ein Experte im Aufspüren von Großwild war. Alexander wiederum war ebenso wenig begeistert, jeden Tag mit Fossey verbringen zu müssen. Da sie es nicht gewohnt war, längere Zeit in Gesellschaft eines anderen Menschen zu verbringen, ist es gut möglich, dass sie auch keine ideale Reisebegleiterin war.

In *Gorillas im Nebel* schrieb Fossey über die beiden Hauptziele ihrer ersten Afrikareise. Sie erinnert sich an ihren Wunsch, Louis und Mary Leakey zu besuchen, die mit

LINKS Obwohl Fossey sich mit ihrem Safariführer John Alexander nicht gut verstand, verliebte sie sich in das Land und seine Wildtiere.

archäologischen Ausgrabungen in der Olduvai-Schlucht den vorgeschichtlichen Menschen erforschten, sowie die Gorillas in Kabara, dem kongolesischen Teil der Virunga-Berge, zu sehen. Es gibt jedoch kaum Belege für Fosseys Behauptung, sie sei mit diesen beiden Zielen nach Afrika gefahren. Wahrscheinlich waren es eher die Umstände, die Fossey nach Olduvai und Kabara führten und somit ihr Schicksal bestimmten.

Da die Reise von Ngorongoro in die Serengeti an der Olduvai-Schlucht vorbeiführte, schlug John Alexander den Touristen, die er auf Safaris begleitete, hier häufig einen Halt vor. Und so besuchte Fossey die neuen Ausgrabungsstätten von Olduvai. Louis Leakey führte schon seit 1931 Ausgrabungen in Olduvai durch. Ein paar Jahre vor Fosseys und Alexanders Besuch hatten Leakey und seine Frau Mary, ebenfalls eine angesehene Anthropologin, dort die Überreste des *Homo habilis*, eines möglichen Vorfahren des heutigen Menschen, zusammen mit dessen primitiven Werkzeugen ausgegraben. Die Leakeys und ihre Arbeit waren weltberühmt, und so verwundert es nicht, dass die Schlucht, die noch mehr Einblicke in die Ursprünge der Menschheit versprach, viele Besucher anzog.

In *Gorillas im Nebel* beschreibt Fossey ihren Besuch in Olduvai als einen entscheidenden Moment. Louis Leakey sprach mit ihr über die Bedeutung langfristiger Feldstudien mit Menschenaffen, und die Idee setzte sich in ihrem Kopf fest. Fossey beschloss, eines Tages nach Afrika zurückzukehren, um die Berggorillas zu erforschen. Die Wahrheit ist vielleicht etwas prosaischer; diejenigen, die damals dabei waren, haben andere Erinnerungen an die Ereignisse als Fossey. Möglicherweise hat sie Leakey nicht einmal getroffen, geschweige denn mit ihm über Gorillas gesprochen. Doch auch wenn die Begegnung damals bedeutungslos war, hatte Fossey doch in einer Hinsicht Recht: Das Zusammentreffen legte den Grundstein für wichtige Ereignisse, als sich Fossey und Leakey einige Jahre später in den USA wiedersahen.

UNTEN Blick über die Olduvai-Schlucht, wo Fossey den Anthropologen Louis Leakey kennen lernte, der hier an einer Ausgrabung arbeitete. Leakey sollte Fosseys Studien über die Gorillas in Ostafrika später maßgeblich beeinflussen.

Von Olduval aus fuhren Fossey und Alexander in die Serengeti. Es ist unklar, wann genau Fossey auf der Safari beschloss, ihre Reise auf die Virungas auszudehnen, es gibt jedoch Spekulationen, dass sie in der Serengeti einen Biologen kennen lernte, der die Gorillas gesehen hatte. Eine solche Begegnung hätte sie veranlassen können, den nächsten Teil ihrer Reise anzutreten, der sie über Nairobi, um ihre Vorräte aufzufüllen, und dann weiter in den Kongo führte.

LINKS Teil der Kabara-Wiese, wo Carl Akeley begraben ist und wo Joan und Alan Root die Gorillas studierten, als Fossey ihre erste Reise zu den Virungas machte. Hinter den Resten der alten Hütte ragt der höchste der Vulkane, Mount Karisimbi, auf.

Die politische Lage im Kongo war nach wie vor ausgesprochen unsicher, vor allem in der Nähe der Virungas. Das benachbarte Ruanda hatte einen Völkermord erlebt (der sich in den 1990er-Jahren in einem noch größeren und schrecklicheren Umfang wiederholen sollte), und die Soldaten in der Region waren als schießfreudig bekannt. Alexander erklärte sich trotz seiner Bedenken bereit, Fossey in dieses gefährliche Gebiet zu bringen.

Am 16. Oktober 1963 fuhren Fossey und Alexander hinauf zum Traveller's Rest, Walter Baumgärtels Hotel in Uganda an der Grenze zu Ruanda und dem Kongo. Baumgärtel empfahl ihnen, die Grenze zum Kongo zu passieren und zu den Hängen des Mount Mikeno zu fahren. Er kannte zwei Tierfotografen, Joan und Alan Root, die versuchten, die Berggorillas zu filmen, und meinte, dass sie Fossey auf ihrer Suche behilflich sein könnten.

Zum Glück war es an der Grenze zum Kongo ziemlich ruhig, sodass sie relativ problemlos ins Land gelangten. Der Direktor des Albert Nationalpark stellte zwei bewaffnete Ranger ab, um die Expedition zu begleiten. Sie wurde außerdem durch elf Träger für den Transport der Ausrüstung verstärkt. Nach einem sechsstündigen anstrengenden Marsch

OBEN Der kongolesische Fährtenleser Sanwekwe, der Fossey in Kabara unterstützte.

durch das unwegsame Gelände des Mikeno erreichte Fossey auf rund 3 000 Metern Höhe die Kabara-Wiese, Carl Akeleys Grabstätte und auch das Zuhause von Joan und Alan Root.

Die schlaksige Amerikanerin und ihr Gefolge müssen unwillkommene Eindringlinge in der Einsamkeit gewesen sein, die die Roots für ihr anspruchsvolles Projekt suchten – und brauchten. Nach dem ersten Schock schlugen sie Fossey vor, ihre Zelte hinter ihrer Hütte aufzuschlagen. Einige Tage später hatten sie Mitleid mit Fossey und boten ihr an, sie mitzunehmen auf Gorillasuche.

Fossey fand den Marsch extrem beschwerlich; sie hatte eine Verletzung am Knöchel, und die Höhe erschwerte ihr das Atmen. Selbst durchtrainierte Menschen können das Klettern durch dichte Vegetation in großer Höhe als sehr anstrengend empfinden; dass Fossey trotz ihrer vernarbten und geschädigten Lunge durchhielt, zeugt von ihrer Entschlossenheit. Die Mühe wurde belohnt: Die Gruppe stieß auf ein Nachtnest, an dem eine Familie von 13 Gorillas die Nacht verbracht hatte. Plötzlich und ohne große Vorwarnung, außer einem moschusartigen, unangenehmen Geruch, wurde die Luft von einer Reihe hoher, beängstigender Schreie durchschnitten. Fosseys erster Instinkt war, sich umzudrehen und wegzulaufen. Sie wurde nur durch den Koch Manual, der hinter ihr stand, sowie Alan Root und den kongolesischen Fährtenleser Sanwekwe, die vor ihr standen, davon abgehalten. Wie angewurzelt standen sie knietief in dichten Brennnesseln, umgeben von einer undurchdringlichen Pflanzenwand.

Lautlos schnitt Sanwekwe ein Loch in das Dickicht vor ihnen. Alan und Dian krochen vorwärts und spähten durch das Halbdunkel. Der Anblick, der sich Fossey bot, stellte die Weichen für den Rest ihres Lebens. Sie sah eine Gruppe aus sechs erwachsenen Berggorillas, die sich im Halbschatten einer Waldlichtung aneinander schmiegten. Die Gorillas erwiderten die neugierigen Blicke der Eindringlinge, und Fossey konnte mit eigenen Augen sehen, dass diese Tiere keine Monster waren, sondern wunderschöne Wesen mit dickem, samtigem Fell, glänzenden schwarzen Gesichtern und warmen braunen Augen. Während Alan Root sie filmte, schlugen sich die Gorillas auf die Brust, gähnten, kratzten sich und zerbrachen Äste. Fossey konzentrierte sich auf die Eigenarten jedes einzelnen Tieres und war gefesselt von ihrem Imponiergehabe und offensichtlichen Interesse an ihrem Publikum.

Nach diesem Erlebnis, und trotz aller Strapazen, stand Fosseys Plan fest: eines Tages würde sie in die Virungas zurückkehren, um mehr über ihre scheuen Bewohner zu erfahren.

LINKS In Begleitung von Alan Root sah Fossey im Oktober 1963 zum ersten Mal Berggorillas.

Der letzte Teil von Dian Fosseys Afrikareise war die Fahrt nach Rhodesien, wo sie bei den Forresters wohnen konnte. Fossey war vom Lebensstil und Wohlstand der Forresters tief beeindruckt, doch es war Pookies Bruder Alexie, der die Reise nach Süden besonders lohnenswert machte, und ihr Interesse verlagerte sich von einem Bruder zum anderen. Alexie sah besser aus als Pookie – auf eine Weise arrogant und kraftvoll, die Fosseys Leidenschaft weckte. Alexie seinerseits war von der großen, auffallenden Frau, die ein ganzes Feld ohne Mühe pflügen konnte, kaum weniger beeindruckt.

Als Fossey wieder in den USA war, begannen die beiden vorsichtig eine Romanze, geschürt von Briefen, in denen sie von einer gemeinsamen Zukunft sprachen. Im September 1964 kam Alexie in die USA, um an der Notre Dame University in Indiana zu studieren. Er wohnte über 500 Kilometer von Louisville entfernt, während Fossey die alltägliche Routine im Korsair Hospital wieder aufgenommen hatte. Im November trafen sich die beiden wieder, und es begann eine ernsthafte Liebesbeziehung. Anfang 1965 verlobten sie sich und hofften auf eine baldige Hochzeit.

Die Wirklichkeit sah jedoch anders aus. Alexie hatte gerade erst mit dem Studium begonnen, und so beschlossen die beiden, dass die Hochzeit bis zum Abschluss des Studiums 1968 aufgeschoben werden sollte. Fossey war verzweifelt. Die Reise nach Afrika hatte ihr Leben, ihre Erfahrungen und Einstellungen von Grund auf verändert, und doch war sie wieder dort, wo sie vor ihrer Reise gewesen war. Sie hatte immer noch dieselbe Arbeitsstelle, und die aufregende Aussicht auf eine Hochzeit mit dem Mann, den sie liebte, schien weiter weg zu sein als je zuvor.

Die Hochzeit fand nie statt. Anfang 1966 schrieb Fossey ihrer Mutter und ihrem Stiefvater, dass sie sich entschieden hatte, nicht länger auf Alexie zu warten. Im April desselben Jahres war Leakey auf einer Vortragsreise, die ihn auch nach Louisville führte.

OBEN Louis Leakey fördert bei einer Ausgrabung in Kenia ein Fossil zutage. Leakey glaubte, dass ein besseres Verständnis der Menschenaffen das Wissen über die Entwicklung des Menschen von prähistorischer Zeit an erweitern würde.

Louis Leakey war ein Mann mit missionarischem Eifer, ein unermüdlicher Befürworter von Feldstudien und Initiator der Suche nach prähistorischen menschlichen Überresten in Afrika. Sein Interesse für Paläoanthropologie hatte in ihm den Wunsch nach einer eingehenden Erforschung der Menschenaffen geweckt. Leakey glaubte, dass ein besseres Verständnis unserer nächsten Verwandten Einsichten in die Entwicklung der Menschheit gewähren würde. Er hatte bereits Jane Goodall beim Aufbau des Gombe Stream Nationalpark in Tansania geholfen. Und 1966 war er auf der Suche nach Forschern, die ähnliche Projekte zur Erforschung der Berggorillas und Orang-Utans durchführen konnten.

Leakeys Vortragsreisen dienten zwar der Spendenbeschaffung, gaben ihm jedoch auch Gelegenheit, der Welt von seinen Entdeckungen zu berichten. Angesichts seines Rufs und seines Enthusiasmus verwundert es nicht, dass der Vortragssaal der Louisville University bei Fosseys Ankunft brechend voll war. Nach dem Vortrag reihte sie sich in die Warteschlange derjenigen ein, die ein paar Minuten mit dem berühmten Mann sprechen wollten. Ihre Hände umklammerten ein paar ihrer veröffentlichten Artikel, von denen einer die Überschrift »I Photographed the Mountain Gorilla« (»Ich fotografierte die Berggorillas«) trug. Leakeys Aufmerksamkeit war geweckt.

Während des folgenden kurzen Gesprächs erfuhr Leakey, dass Fossey am Mount Mikeno gewesen war, die Roots kennen gelernt hatte und den sehnlichen Wunsch verspürte, dorthin zurückzukehren. Leakey bevorzugte Primatenforscher ohne entsprechende Ausbildung, da sie seiner Meinung nach eher in der Lage waren, auf unbedrohliche Weise Kontakt zu den Tieren aufzunehmen. Er war Empiriker und glaubte, dass alle Erkenntnisse aus Beobachtungen und nicht aus logischen Schlussfolgerungen erwuchsen. Außerdem verließen sich die modernen Wissenschaftler zu sehr auf die Aufzeichnung jedes Details und auf statistische Auswertungen. Eine ungeschulte Frau konnte die Studie besser in der von ihm gewünschten Art und Weise durchführen. Leakey vereinbarte ein Treffen mit Fossey früh am folgenden Morgen, bevor er zum nächsten Vortragsort reiste.

Das Treffen verlief gut. Obwohl Leakey Dian kaum kannte, wusste er doch, dass sie es bis zum Mikeno geschafft und die Berggorillas beobachtet hatte. Das reichte, und Fossey wurde mit folgendem Rat weggeschickt: Wenn sie es mit ihrer Rückkehr zu den abgelegenen Virungas ernst meinte, sollte sie sich vorsorglich den Blinddarm entfernen lassen.

Im Mai 1966 wartete Fossey noch immer auf Nachricht von Leakey, und allmählich verlor sie die Geduld. Sie hatten wegen einer möglichen Expedition in den Kongo korrespondiert, doch Leakey musste noch einen Sponsor finden, und so unternahm Fossey den nächsten Schritt, um sich unwiderruflich für das Projekt zu engagieren. Sie vereinbarte für Juni einen Termin zur Blinddarmoperation. In *Gorillas im Nebel* schrieb Fossey, dass sie bei ihrer Rückkehr aus dem Krankenhaus einen Brief von Leakey vorfand, in dem er ihr mitteilte, dass die Operation gar nicht nötig sei: Er hatte lediglich ihre Entschlossenheit testen wollen.

Fossey kündigte ihre Stelle und fuhr, nachdem sie sich von der Operation erholt hatte, nach Kalifornien, wo sie bei ihrer Mutter und ihrem Stiefvater wohnte und die letzten Vorbereitungen traf.

Als Leakey die Finanzierung für Fosseys Reise organisiert hatte, fuhr sie erst nach Louisville, um sich von ihren Freunden zu verabschieden, und von da nach Washington, wo sie sich mit Mitarbeitern der National Geographic Society traf, die auch mit der Beschaffung von Sponsorengeldern für ihre Expedition beschäftigt waren. Am 19. Dezember 1966 brach Fossey nach Kenia auf, wo sie Jane Goodall kennen lernte.

UNTEN Ein Foto mit Leakeys drei »Affenmädchen«, das Fossey ihren Eltern Jahre später schickte. Die Anmerkung dazu lautet: »Die so sexy aussieht, ist Biruté [Galdikas], das Orang-Mädchen … [in der Mitte] ist die Grande Dame der Schimpansen [Jane Goodall]. Die Gelbsüchtige, Verlebte ist euer Schatz Dian.«

Erste Station: Kabara

GEGENÜBER Ende 1966 brach Fossey schließlich auf, um sich bei den Berggorillas niederzulassen. Hier ist ein Porträt eines jungen Weibchens, das Fossey Papoose nannte.

London, 21. Dezember 1966

Liebe Mutter, lieber Vater,

jetzt habe ich so viel von London gesehen, dass es für das ganze Leben reicht. Es ist der schmutzigste, hektischste und überfüllteste Ort, an dem ich je war – S.F. [San Francisco] *erscheint dagegen wie ein Inselparadies.*

Heute habe ich einen Fahrer gemietet – von ca. 10.30 Uhr bis jetzt, als er mich zum Flughafen gefahren hat – er war ziemlich jung und ein hervorragender Führer – alles zusammen hat £ 4,00 bzw. ca. $ 11,20 gekostet, und da der Flughafen ziemlich weit von der Stadt entfernt ist, finde ich das nicht zu teuer. Ich kann nur sagen, dass wir alles gesehen haben, von der Wachablösung bis zur Carnaby Street – und das alles im Regen! Die Leute sind unglaublich – absolut unglaublich. Die Röcke enden, wo die Frisur aufhört – alle tragen Pelzmäntel – einige sind zwar Imitate, aber Pelz ist in. Die Frauen sind alle sehr schick, aber die Männer sehen fast alle gleich und furchtbar britisch aus. Was die Jungs angeht – es gibt in S.F. nichts Vergleichbares. Alle tragen Stiefel, breite geblümte Krawatten, pastellfarbene Hosen und haben längere Haare als ich. Ich habe noch nie so viele Leute angestarrt. Habe bei der Wachablösung auch Prinzessin Anne am Fenster gesehen – sie ist viel hübscher als auf den Bildern. Als wir am Tor vorbeigingen, fuhr gerade Prinz Philip herein. Carnaby Street war irgendwie enttäuschend … die Geschäfte lassen etwas zu wünschen übrig, ABER die Leute sind faszinierend …

… Macht euch bitte keine Sorgen – wenn ich Washington, New York und London überlebt habe, kann ich alles überleben!

Ich schreibe bald wieder.
Liebe Grüße, Dian

Fossey verbrachte zwei Tage in London. Als sie in Heathrow auf ihren Flug nach Nairobi wartete, hörte sie, dass eine Mrs. Root ausgerufen wurde. Fossey blickte auf und sah Joan Root, die zu einem Telefon eilte. Joan war überrascht, Dian am Flughafen zu treffen –

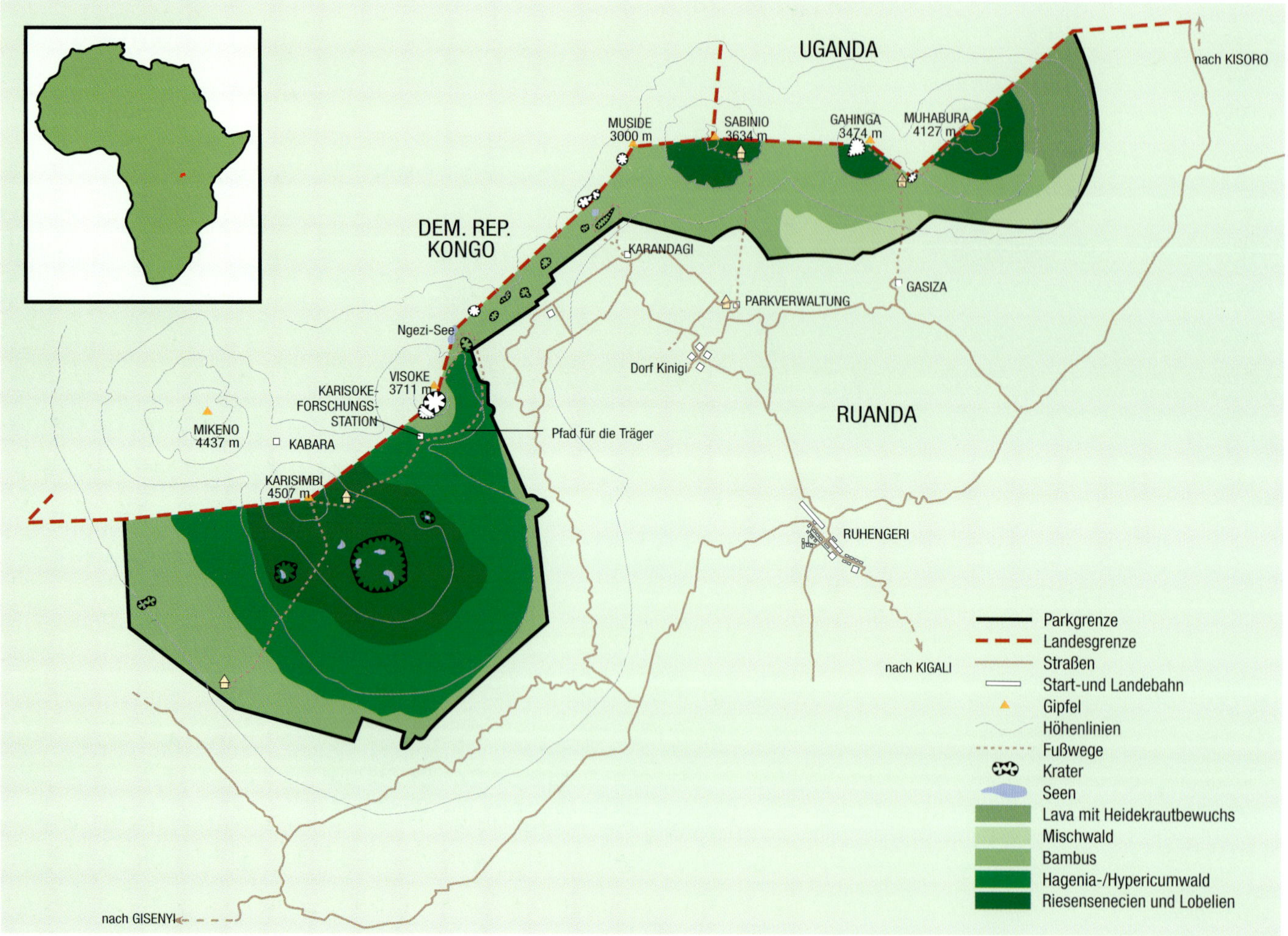

LINKS Das Virunga-Gebiet, in dem Fossey lebte und arbeitete. Kabara liegt zwischen dem Mikeno und dem Karisimbi in Zaire.

aber auch schockiert, als sie erfuhr, dass die amerikanische Touristin, die sie vier Jahre zuvor kennen gelernt hatte, Louis Leakeys neues »Gorillamädchen« war.

Joan fand heraus, dass Leakey das Forschungsprojekt erstaunlich schlampig vorbereitet hatte. Als Jane Goodall mit ihrer Schimpansenstudie im Feld begann, hatte sie schon ein Jahr mit Leakey zusammengearbeitet und ein weiteres Jahr das Verhalten von Tieren studiert. Fossey verfügte nicht über diese Erfahrung: Von ihr wurde *Learning by Doing* erwartet, allein und völlig auf sich selbst gestellt in einer der gefährlichsten Regionen der Welt, die von politischen Unruhen geprägt war und in der betrunkene, bewaffnete Soldaten die Gegend unsicher machten.

Fossey wollte zwar Suaheli, die Amtssprache in Ostafrika, lernen, hatte jedoch kein Sprachtalent. Sie konnte weder Französisch, die Kolonialsprache der Region, noch einen der ost- oder zentralafrikanischen Dialekte. Als ob ihre Unfähigkeit, mit den Einheimischen zu kommunizieren, ihre Arbeit nicht schon genug behindern würde, hatte sie zudem keine Ahnung von den Bräuchen und Lebensgewohnheiten der Afrikaner, auf die sie später angewiesen sein würde: den Watutsi (Tutsi), Bahutu (Hutu) und den Batwa-Pygmäen (Twa). Diese sprachen zwar dieselbe Sprache und lebten seit Jahrhunderten in einer komplexen, kastenartigen Gesellschaft zusammen, doch gab es manchmal erhebliche Spannungen zwischen ihnen.

OBEN Ein Angehöriger der Hutu (oben) und der Twa (unten), die beide zu der großen Gruppe Einheimischer gehörten, die für Fossey arbeiteten. Sie trugen die Ausrüstung zum Lager und brachten ihr die Post und Lebensmittel.

Das Klima war ein weiteres Problem, auf das Fossey kaum vorbereitet und für das sie gänzlich ungeeignet war. Die Virunga-Vulkane sind von Bergregenwald umgeben. Steile Schlammhänge, von tiefen Schluchten durchschnitten und in durchdringend feuchte, kühle Luft gehüllt, waren wohl kaum die ideale Umgebung für eine Frau mit einer geschädigten Lunge und einer Neigung zu Lungenentzündung. Kein Wunder, dass Joan Root überrascht war, als sie erfuhr, dass Fossey nach Nairobi fliegen wollte, um die Berggorillas zu zählen. 1963 in Kabara hatten die Roots Mitleid mit Fossey gehabt und ihr die Tiere gezeigt, die sie so gern sehen wollte. Jetzt hatten sie wieder Mitleid: Sie luden Fossey zu Weihnachten ein und richteten es so ein, dass Alan Root mit Dian nach Kabara fuhr und ihr beim Aufbau des Lagers half.

UNTEN Joan und Alan Root mit einem Nilpferd namens Sally in ihrem Haus am Lake Naivasha in Kenia.

In Nairobi wurde Fossey begeistert von Louis Leakey empfangen; beide wollten so bald wie möglich mit der Studie beginnen. Er entschied, dass Fossey, anstatt Weihnachten mit den Roots zu verbringen, mehr davon hätte, wenn sie die Einladung von Jane Goodall und deren Mann Hugo van Lawick für einen Ausflug ins Landesinnere annahm.

Kenia, 25. Dezember 1966

Liebe Mutter, lieber Vater,

frohe Weihnachten … ich wünschte, ich könnte näher bei euch sein als nur in Gedanken.

Es ist 15.00 Uhr hier – hier heißt an den Ufern des Lake Baringo im Norden von Kenia. Ich bin als Gast von Jane Goodall und ihrem Mann »auf Safari« … Der Vorschlag kam von Dr. Leakey in Anbetracht der Tatsache, dass ich nur noch 10 Tage in ihrem Forschungszentrum habe, und noch dazu, da sie sie nur 2 Tage dort sind.

Dr. Leakey ist sehr nett und legt sich bis jetzt wirklich ins Zeug … Ich soll jetzt am 30. mit Jane und ihrem Mann in einem kleinen Flugzeug von Nairobi nach Kigoma in die Nähe des Schimpansenreservats fliegen. Von dort aus nehmen wir ein Boot zum Reservat, wo ich 10 Tage bleibe und sie nach 2 Tagen wieder abreisen. Dann fliege ich zurück nach Nairobi und verbringe 6 Tage damit, meinen Landrover (ja, zu meinem Leidwesen habe ich einen eigenen Landrover) zu beladen … Ich freue mich schon sehr darauf, dort anzukommen – es ist kühl und es gibt keine Insekten.

Das Safari-Essen ist toll! Gestern Abend gab es Brathähnchen mit Kartoffelpüree (nein, nicht wie deins, Vater), frisch angemachten Salat (nein, nicht wie deiner, Mutter) und … frische Erdbeeren mit Schlagsahne. Heute gibt es gebratene Ente mit Mandeln, Ofenkartoffeln, frische Erbsen, Salat und Pfirsichkuchen. Jane hat einen kleinen Baum im VW-Bus aufgestellt und Luftballons und Krepppapier verteilt (hiesiger Brauch). Ich habe auf dem Weg 1 kleines Geschenk für jeden hier gekauft, musste sie aber in Kleenex einpacken und mit einer Ranke zubinden – leider nicht besonders hübsch …

Dian

UNTEN Nach Fosseys Ankunft in Kenia kümmerte sich Dr. Louis Leakey um alles. Er konnte zwar recht eigenwillig sein, war jedoch sehr freundlich zu der jungen Frau.

Die Reise zu Jane Goodalls Schimpansenreservat in Tansania wurde verschoben und von zehn auf nur zwei Tage gekürzt. Fossey war mit Einkaufen und Planen beschäftigt – unterstützt von Joan Root, die große Erfahrung mit dem Leben im Busch hatte. Fossey taufte ihren Landrover »Lily« und beschrieb ihren Eltern an Silvester, wie sie ihn fahren lernte:

OBEN Einheimische umringen Fosseys Landrover in der Hoffnung, auf dem Berg als Träger arbeiten zu können. Der Landrover war ein Geschenk von Leakey, und Fossey taufte ihn »Lily«.

Ich bin gerade von einer vierstündigen Fahrt durch den Nairobi Nationalpark zurückgekommen. Ich bin meinen eigenen Landrover gefahren! Dr. Leakey hat ihn mir letzte Woche gekauft, und heute wurde er zusammen mit einem »Boy« geliefert, der kein Englisch spricht und mir das Fahren beibringen soll. Was für eine Methode, fahren zu lernen! Habe die Gänge im Suaheli-Stil reingehauen. Er gab rasend schnelle Anweisungen, sodass ich ständig anhalten und im Wörterbuch nachschlagen musste, was er sagte.

Ich fahre den Landrover in den Kongo – zusammen mit Joan und Alan Root, dem Ehepaar, das ich dort schon einmal getroffen habe. Sie bleiben eine Weile dort, bis alles gut läuft. Sie sind wie alle anderen wirklich nett. Ich habe das Gefühl, Jane Goodall (das Schimpansenmädchen) und ihren Mann schon mein ganzes Leben lang zu kennen – jeder hat so viel für mich getan und mir tausendmal ungefragt geholfen.

Am Dienstag fahre ich für zwei Tage nach Tansania … das ist natürlich nicht so lange, wie ich gehofft hatte, aber wir haben diese Woche jeden Aspekt von [Janes] *Feldforschung besprochen; außerdem habe ich ihre Doktorarbeit gelesen und intensiv gelernt, wie man Pflanzen presst, einen komplizierten Kompass liest, den Längen- und Breitengrad einträgt und die verschiedenen Öfen, Lampen etc. bedient. Leakey hat mir ein Blankoscheckheft gegeben, mich in die Stadt gefahren, mir ein paar Geschäfte gezeigt und mich allein gelassen, damit ich mich ausstatten konnte! Das war eine Erfahrung, die mit der Fahrstunde vergleichbar ist. Meinen Freunden zufolge war ich zu geizig, aber ich kann einfach nicht so viel Geld ausgeben. Ehrlich gesagt fühle ich mich gut ausgestattet – es wird sich zeigen …*

Januar 1967: Die nächste Etappe von Fosseys großem Abenteuer begann. Alan Root fuhr in seinem Landrover voraus, dicht gefolgt von Fossey mit Lily. Sie reisten 1 000 Kilometer nach Nordwesten, durch Kenia und über Uganda in den Südwesten des Landes, wo sie am Traveller's Rest in Kisoro Halt machten. Walter Baumgärtel empfing sie herzlich und freute sich, Fossey wiederzusehen. Er hörte jedoch mit Entsetzen, dass Root Fossey über die Grenze in den Kongo bringen wollte und versuchte sie zu überreden, nach einem anderen Forschungsgebiet an einem weniger gefährlichen Ort zu suchen. Er hatte gesehen, dass viele Weiße die Region wegen der Gefahr durch Kämpfe und politische Unruhen verlassen hatten; dort ein Lager zur Erforschung der Berggorillas zu errichten schien heller Wahnsinn zu sein. Fossey übte sich entweder in der ihr eigenen Sturheit, oder sie legte eine bedenkliche Ignoranz an den Tag. Wie auch immer – sie ließ sich nicht davon abbringen. Root und Fossey fuhren über unbefestigte Straßen weiter zur ugandischen Grenze. Dort half Root bei der Beschaffung der Einreisedokumente und beim Passieren zahlreicher Grenzposten und Polizeiabsperrungen. Außerdem sorgte er dafür, dass Fossey die erforderlichen Papiere bekam, um ihre Forschungen im Albert Nationalpark aufzunehmen. Roots Erfahrung war unbezahlbar, ohne seine Hilfe hätte Fossey kaum in den Kongo einreisen können.

Am Fuß des Mikeno bereitete sich eine kleine Gruppe auf den Aufstieg vor: Fossey und Root, zwei kongolesische Parkaufseher und zwei Lagerangestellte. Root heuerte mehrere Dutzend Träger an, um die Campingausrüstung und Vorräte zur Kabara-Wiese zu bringen, und dann begann der lange Aufstieg über 1 200 Höhenmeter.

Im Lager begann Root sofort damit, alles für Fossey zu organisieren: Er hatte dafür nur zwei Tage und nahm die Verantwortung sehr ernst. Er überwachte das Ausheben einer Latrine und der Abwassergräben, stellte überall im Lager Regentonnen auf und erklärte Fossey die Grundlagen des Lagerlebens. Er nahm sie mit in den Wald und gab ihr einen Crashkurs im Aufspüren von Tieren: Er zeigte ihr, wie man Fährten und Pfaden beschädigter Vegetation folgt. Sie sahen zwar leider keine Gorillas, hörten aber die Laute zweier Gruppen in der Ferne. Dann war es so weit, und Root musste Kabara verlassen – Fossey bekam kurzzeitig Panik, doch ihr Wunsch, in den Wald zu gehen und mit der Arbeit zu beginnen, verdrängte schon bald die aufkeimende Furcht. Die Gorillas warteten …

RECHTS Der Weg zum und vom Lager in Kabara und später in Karisoke war immer beschwerlich, und Fossey war auf einheimische Träger angewiesen, die ihre Ausrüstung den Berg hinauf- und hinuntertrugen.

OBEN Fossey spricht mit Sanwekwe, dem Fährtenleser, der ein vertrauter Begleiter und Führer wurde. Das Bild entstand mehrere Jahre nachdem Fossey den Kongo verlassen hatte, bei einem zufälligen Treffen, als Sanwekwe der kongolesischen Rangerpatrouille angehörte.

Kurz nach ihrer Ankunft in Kabara bekam Fossey Gesellschaft von Sanwekwe, dem Führer, der den Roots 1963 beim Aufspüren der Gorillas geholfen hatte. Er hatte 1960 auch George Schaller geholfen und als Junge schon Carl Akeley auf seinem Jagdausflug in die Virungas begleitet. Sanwekwe teilte sein Wissen über die Gorillas mit Fossey, und sie lernte schnell, wie man an den Hängen des Mikeno Gorillas aufspürte und ihren Pfaden folgte.

Ende Januar hatte Fossey 24 Stunden mit Gorillastudien verbracht. Sie hatte eine Familiengruppe – Gruppe 1 – identifiziert, benannt und ihre Aktivitäten ausführlich dokumentiert. Jeden Abend saß Fossey in ihrem feuchten, dunklen Zelt über ihre Schreibmaschine gebeugt – Schreibarbeit wurde zur Grundlage von Fosseys Feldforschung. Jeden Tag tippte sie gewissenhaft ihre Notizen ab, die neben Berichten über das Verhalten jedes beobachteten Gorillas alles, vom Wetter bis zu Wildereraktivitäten, enthielten.

Fosseys Lebensumstände waren primitiv: Sie schlief in einem 2,10 x 3,00 Meter großen Zelt, in dem sich ihr Bett, ihre Papiere, trocknende Kleidung und all ihre Habe befand. Die Mahlzeiten wurden in einer nahe gelegenen baufälligen Hütte zubereitet, in der auch die Angestellten schliefen. Die Männer aßen Süßkartoffeln, Bohnen, Mais und Gemüse, doch Fossey hielt nicht viel von dieser Ernährung und bevorzugte Frühstücksfleisch in Dosen, Cornedbeef und Hotdogs. Fossey mochte kein Gemüse und behauptete, gegen Obst allergisch zu sein.

Einmal im Monat fuhr Fossey für zwei Stunden nach Kisoro in Uganda, um die Lagervorräte aufzufüllen. Tabak für Sanwekwes Pfeife und Zigaretten für sie selbst standen immer ganz oben auf der Einkaufsliste. Frische Eier wurden von Fosseys legefreudiger Henne Lucy geliefert. Lucy und der Hahn Dezi waren ein Geschenk von Sanwekwe, der ernsthaft erwartete, dass sie für den Kochtopf gemästet wurden. Stattdessen wurden sie zu Fosseys ersten und heiß geliebten Haustieren.

ALLMÄHLICH WURDE DIAN VON DEN GORILLAS AKZEPTIERT, denen sie begegnete; sie hatte aus George Schallers Buch gelernt, dass es wichtig war, in Sichtweite der Gorillas zu bleiben, um ihr Vertrauen zu gewinnen. Fossey entwickelte diese Bindung weiter. Sie ahmte ihre Art zu essen und sich zu kratzen nach und kopierte ihr zufriedenes Grunzen. Fossey nannte diese Begegnungen »offene Kontakte«, und der Gewöhnungsprozess, mit dem sie in Kabara begann, war weitgehend von diesen Kontakten abhängig. Fossey beobachtete die Gorillas auch, wenn sie nicht gesehen werden konnte; sie war davon überzeugt, dass sie in dieser Situation Verhaltensweisen beobachten und aufzeichnen konnte, die nicht durch ihre Anwesenheit verfälscht wurden.

Einmal erschreckten Fossey und Sanwekwe aus Versehen zwei Gorillas: einen Silberrücken und ein Weibchen. Die Gorillas kreischten, röhrten und griffen an. Fossey und Sanwekwe blieben

UNTEN Die Hühner Lucy und Dezi, zwei der ersten Haustiere im Lager, die später mit Fossey in das neue Lager in Ruanda umsiedelten.

GEGENÜBER Der Silberrücken-Anführer der Gruppe 5, Beethoven, weist die charakteristische Nasenlochform und das Linienmuster auf der Nase auf, die Fossey zur Identifikation dienten.

stehen, da sie den Angriff für einen der üblichen Scheinangriffe hielten. Als die wütenden Tiere jedoch auf die beiden zustürmten und die Zähne bleckten, war klar, dass es sich um einen echten Angriff handelte. Nur ein Sprung in die Büsche in letzter Minute rettete Fossey und den Fährtenleser.

Nach sechs Monaten im Lager hatte sich Fossey an den Lebensstil gewöhnt und war zu einer sicheren und kompetenten Fährtenleserin geworden. Sie hatte viele Gorillas identifiziert, obwohl es manchmal sogar schwierig ist, junge Männchen von Weibchen zu unterscheiden. Fossey folgte Schallers Beispiel und benutzte das Linienmuster auf der Gorillanase und die Form seiner Nasenlöcher zur Unterscheidung. Den Gorillas gab Fossey Namen, eine Praxis, die sie offenbar amüsierte; sie nannte ein junges Männchen Alexie.

Fossey hatte nicht viel Zeit für Abwechslung außerhalb der Berge, doch wenn sich die Gelegenheit bot, ergriff sie diese dankbar:

Kongo, 6. Juni 1967

Liebe Mutter, lieber Vater,

jetzt bin ich wieder auf meinem Berg, nach einem entspannenden Ausflug nach unten, diesmal dank meiner Freunde, [die] *ein paar belgische VIP-Gäste unterhalten* [mussten]. *Einer war ein Prinz (ein echter Prinz), einer war Belgiens führender Architekt, einer ein Schriftsteller, der Vierte nur ein Graf. Am Ersten hatten sie ein leckeres Mittagessen mit ca. zwanzig Weißen aus Goma, und anschließend kam die Watutsi-Tanztruppe, die Gruppe, die in Amerika auf Tournee war, zu ihnen nach Hause und tanzte mindestens eine Stunde.*

Am nächsten Tag fuhren wir nach Rwindi, dem Camp im Prinz Albert Park, und wenn man bedenkt, dass es von Afrikanern betrieben wird, ist es sehr schön und sauber. Wir machten die Abendtour um die Wasserstellen und sahen Hunderte von Tieren an einem fast perfekten Abend, bevor wir ein langes, gemütliches Abendessen zu uns nahmen. Am nächsten Morgen trafen wir uns aus irgendeinem Grund schon vor sechs Uhr zu einem weniger köstlichen Frühstück – die Belgier verkauften den Afrikanern streng riechenden Käse, ranziges Fleisch und trockenes Brot als »tropisches europäisches Frühstück«. Während des Essens fuhren ein Landrover und ein Bus mit vierunddreißig amerikanischen Kindern und vier amerikanischen Erwachsenen vor. Ich war vollkommen verblüfft!!! Ihr könnt euch nicht vorstellen, wie sehr ich mich freute, all die amerikanischen Stimmen zu hören; ich dachte ernsthaft darüber nach, ein paar Kinder zu entführen …

RECHTS Fossey füllt auf einer ihrer Fahrten nach Kisoro, Uganda, bei »Lalji's« ihre Vorräte auf.

… Am Nachmittag des Dritten fuhr ich weiter nach Kisoro, holte meine Post ab, erledigte meine Einkäufe und verbrachte einen weiteren netten Abend in der Gesellschaft von Englisch sprechenden Leuten im Traveller's Rest. Aus irgendeinem Grund, und das sage ich nicht aus Arroganz, sondern weil ich erstaunt bin, scheint jeder alles über mich und meine Arbeit zu wissen, Schwarze wie Weiße vom Südsudan bis Westafrika, und ich kann mir nicht erklären, wie sich diese Informationen verbreitet haben. Selbst Alan Root schrieb mir etwas vorwurfsvoll aus Nairobi, dass jeder, den er in Nairobi traf, sich über das amerikanische Mädchen erkundigte, das auf dem Berg lebte und Gorillas erforschte. Es fällt mir schwer zu glauben, dass die Leute so neugierig auf jemanden sind, über den sie nichts wissen …

… Muss aufhören, liebe Grüße,
Dian

Wieder im Lager, hatte Fossey Schwierigkeiten mit ihren afrikanischen Arbeitern. Sie waren unzuverlässig und unkooperativ geworden, verschwanden manchmal tagelang und ließen sie allein und verwundbar zurück. Sie schrieb an Louis Leakey und bat ihn um Hilfe.

Mit aufsässigen Angestellten zurechtzukommen erwies sich jedoch bald als nebensächlich. Fossey hatte sich nie für die Politik des Landes interessiert, war jetzt aber gezwungen, sich damit auseinander zu setzen. Am 7. Juli 1967 erhielt Fossey einen Brief des Parkdirektors Anicet Mburanumwe, der bewaffnete Wachen und Träger losgeschickt hatte, um sie den Berg hinunter zu geleiten. Weiße waren im Kongo nicht länger willkommen.

Anfang des zwanzigsten Jahrhunderts wurde das ironischerweise Unabhängiger Kongostaat genannte riesige Land in Zentralafrika als persönliches Eigentum von König Leopold II. von Belgien regiert. Während seiner Herrschaft starben etwa zehn Millionen Kongolesen an Unterernährung, durch Völkermord oder Sklaverei. Massive Menschenrechtsverletzungen hatten international Protest ausgelöst, und Belgien wurde gezwungen, das Land zur Kolonie zu erklären.

Fünfzig Jahre später musste Belgien seine Kolonie aufgrund heftiger Aufstände rasch räumen. 1960 feierte das Land ohne eine organisierte Machtübergabe seine Unabhängigkeit und versank fast sofort in Anarchie. Soldaten rebellierten und begannen eine Vergewaltigungs- und Mordorgie, die sich hauptsächlich gegen die europäische Bevölkerung richtete.

Bei Fosseys Ankunft im Kongo war Präsident Joseph Desire Mobutu (später als Mobutu Sese Seko bekannt) an der Macht. Da die Armee immer noch zur Rebellion neigte, holte der Präsident weiße Söldner ins Land, die als »weiße Riesen« bekannt waren, um die Soldaten auszubilden und die reguläre Armee in Schach zu halten.

Am 2. Juli 1967 putschten die weißen Riesen gegen die kongolesische Armee. Am 5. Juli warnte Mobutu die Nation, dass Ausländer – Weiße – versuchten, das Land zu übernehmen. Der Notstand wurde ausgerufen und die Grenzen geschlossen.

Nach dem Erhalt von Mburanumwes Brief hatte Fossey keine andere Wahl, als die Zelte abzubrechen. Am 10. Juli unternahm sie den Abstieg nach Rumangabo, wo sie vom Militär inhaftiert wurde. Am 26. Juli floh Fossey aus dem Kongo in die Sicherheit des Traveller's Rest und von dort ins benachbarte Ruanda. Später behauptete sie, die letzte weiße Person gewesen zu sein, die das Land lebend verlassen habe.

Als sie von Mitarbeitern der amerikanischen Botschaft in Ruanda zu ihrem Martyrium befragt wurde, gab Fossey zu, zwar viele ihrer Besitztümer verloren zu haben, beteuerte aber, körperlich nicht misshandelt worden zu sein. Jahre später erzählte sie jedoch engen Freunden, dass sie in einem offenen Käfig festgehalten und mehrmals vergewaltigt worden sei. Die Wahrheit wird wohl nie ans Licht kommen, »es sei denn«, wie Bob Campbell (der Fotograf, der später mit Fossey in Ruanda zusammenarbeitete) jetzt sagt, »es gibt Männer, die noch leben und zur selben Zeit in Rumangabo waren wie Dian, und die dazu verhört werden könnten«. Fossey erwähnte Campbell oder auch Rosamond Carr, einer ihrer engsten

Freundinnen in Ruanda, gegenüber nie, dass sie vergewaltigt wurde. In ihrer Autobiografie schreibt Carr, dass Fossey Gerüchte über eine Massenvergewaltigung abgestritten und sich rätselhaft geäußert habe: »Ich glaube, sie wollten mich für ihren General aufheben«.

Es besteht jedoch kein Zweifel, dass Fossey eine schreckliche und traumatische Zeit in Rumangabo verbrachte. Fossey wusste nicht, wann – und ob überhaupt – sie fliehen konnte. Was auch immer in diesen Tagen in Gefangenschaft passierte, eins ist sicher: Fossey bewies großen Mut. In ihrem nächsten Brief an die Prices, vom 2. August 1967, findet sich kein Hinweis auf die verzweifelte Lage, in der sie sich befunden hatte, aber sie machte deutlich, dass sie keinesfalls die Absicht hatte, aufzugeben.

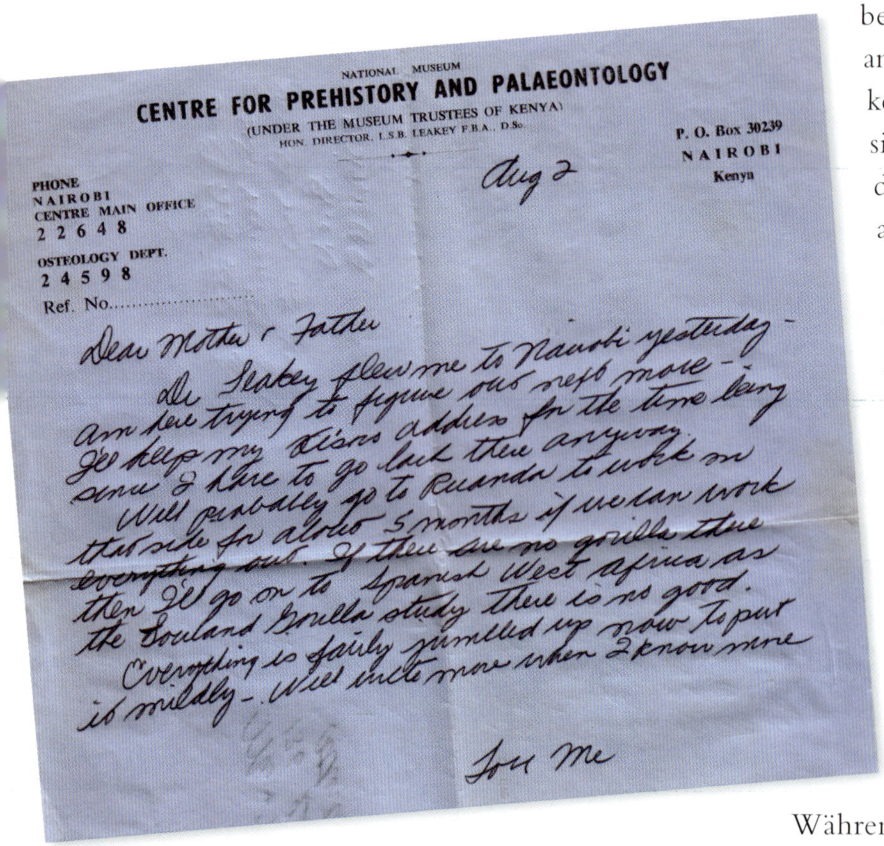

NATIONAL MUSEUM
CENTRE FOR PREHISTORY AND PALAEONTOLOGY
(UNDER THE MUSEUM TRUSTEES OF KENYA)
HON. DIRECTOR, L.S.B. LEAKEY F.B.A., D.Sc.

P. O. Box 30239
NAIROBI
Kenya

PHONE
NAIROBI
CENTRE MAIN OFFICE
22648
OSTEOLOGY DEPT.
24598
Ref. No.........................

Aug 2

Dear Mother & Father
Dr Leakey flew me to Nairobi yesterday - am here trying to figure out next move - I'll keep my Kisoro address for the time being since I have to go back there anyway. Will probably go to Ruanda to work on that side for about 5 months if we can work everything out. If there are no gorillas there then I'll go on to Spanish West Africa as the Lowland Gorilla study there is no good. Everything is fairly jumbled up now to put it mildly - Will write more when I know more

Love Me

OBEN Fosseys aufgeregte Nachricht vom 2. August 1967 an ihre Eltern über ihre Pläne, in Afrika zu arbeiten.

Dr. Leakey hat mich gestern nach Nairobi geflogen – bin hier, um mir den nächsten Schritt zu überlegen ... Gehe wahrscheinlich nach Ruanda, um dort ca. 5 Monate lang zu arbeiten, wenn alles klappt. Wenn es dort keine Gorillas gibt, gehe ich nach Spanisch-Westafrika, da die Studie der Flachlandgorillas dort nichts taugt.

Alles ist ziemlich durcheinander, um es milde auszudrücken. Schreibe mehr, wenn ich mehr weiß.

Während ihres kurzen Aufenthalts in Ruanda auf dem Weg vom Kongo nach Nairobi setzte sich Dian mit Rosamond Carr in Verbindung, die an den Hängen des Karisimbi eine Plantage besaß. Fossey war überzeugt, ihre Gorillastudie fortsetzen zu können, wenn sie ihr Lager in Carrs Plantage in Mugongo aufschlug.

Obwohl sie später enge Freundinnen werden sollten, gab Fossey Rosamond Carr bei ihrer ersten Begegnung – direkt nach Fosseys Flucht – Rätsel auf. Dian war in einem schönen fliederfarbenen Leinenkleid und schmutzigen Tennisschuhen erschienen, ihr dichtes Haar war geflochten und hing locker über einer Schulter. Kaum hatten sie mit

OBEN Rosamond Carr, die eine von Fosseys besten Freundinnen wurde. Das Bild wurde nach Fosseys Tod bei den Dreharbeiten zu *Gorillas im Nebel* aufgenommen.

dem Essen begonnen, zog Fossey eine lange Liste mit Fragen über die Plantage und ruandische Gorillas hervor; sie hatte kein Interesse an Höflichkeiten oder Smalltalk. Carr sagte Fossey zwar, es gäbe keine Gorillas auf dieser Seite des Bergs, konnte sie jedoch nicht überzeugen. Carr und andere, die dabei waren, kamen zu dem Schluss, dass diese dreiste Frau »ziemlich sonderbar« war.

Trotz ihrer Vorbehalte gegen Fossey war Carr einverstanden, ihr jede mögliche Hilfe zukommen zu lassen, und stellte sie Alyette De Munck vor. De Munck war mit ihren belgischen Eltern in den Kongo gekommen, als sie fünf war. Sie war eine Abenteurerin, Entdeckerin, engagierte Naturforscherin und – als ob das nicht genug wäre – hatte außerdem sieben Kinder großgezogen. Nach der Unabhängigkeit wurden De Munck und ihr Mann Adrian mehrmals von Soldaten ausgeraubt, und sie beschlossen schließlich, den Kongo zu verlassen und eine Plantage bei Mugongo in Ruanda aufzubauen. De Muncks Mann war im Juli 1967 unerwartet gestorben, und Carr dachte, dass die beiden eigenwilligen Frauen sich in ihrem gemeinsamen Interesse für Tiere gegenseitig unterstützen könnten.

Ihre Intuition war richtig: Die beiden Frauen trafen sich in Nairobi und entwickelten sofort eine starke gegenseitige Sympathie, die jahrelang hielt. De Munck stellte Fossey ihrem Sohn, ihrem Neffen und einem Collegefreund der beiden vor, die auf Safari waren. De Munck hatte vor, zur Plantage vorauszufahren, um sie für die Ankunft der Jungen vorzubereiten; die anderen sollten in ein paar Tagen nachkommen. Tragischerweise kamen sie nie an. Nach dem Abendessen im Traveller's Rest in Kisoro machten sich die Jungen auf den Weg, doch anstatt auf derselben Straße zu fahren wie De Munck, nahmen sie eine landschaftlich schönere Strecke durch den Kongo, und das zu einer Zeit, als laut Walter Baumgärtel im Kongo »die Hölle los war«. Die drei jungen Männer wurden als »weiße Söldner« verhaftet und vom kongolesischen Militär ermordet.

Bei Fosseys Ankunft in Mugongo brachte Carr ihr die tragische Nachricht schonend bei. Carr beschrieb Fosseys damaligen Geisteszustand später als »am Rande eines Nervenzusammenbruchs«. Die skrupellose Hinrichtung der Jungen verdeutlichte Fossey, wie nah sie selber dem Tod während ihrer Inhaftierung im Kongo gewesen war. Laut Carr war Fossey außer sich, als sie die Nachricht hörte; sie schrie die Boys und Gärtner auf der Plantage an und bot ihnen Geld, damit sie die Mörder suchten. Carr merkte, wie tief Fossey von den Ereignissen im Kongo getroffen war, und glaubte, dass dies der Punkt war, an dem Fossey »eine negative Einstellung« gegenüber Afrikanern entwickelte.

OBEN Fossey zu Beginn der nächsten Etappe ihrer Abenteuer – bei einer Pause am Fuß des Visoke und vor dem steilen Aufstieg zu ihrem zukünftigen Lager.

In den acht Monaten seit ihrem Weggang aus den USA hatte Dian fast ohne Unterstützung und Gesellschaft im Busch gelebt, war von bewaffneten Soldaten aus ihrem Lager vertrieben, inhaftiert und möglicherweise vergewaltigt worden. Sie war aus eigener Kraft aus einer extrem gefährlichen Situation entkommen und bereitete sich gerade auf einen Neuanfang vor, als das Unglück nun erneut zuschlug. Fossey tröstete De Munck, so gut sie konnte, und musste mit ihrer eigenen Trauer und Verzweiflung selbst fertig werden.

Die beiden willensstarken und entschlossenen Frauen steckten ihre Energie in den Aufbau der neuen Forschungsstation. Fossey fand schnell heraus, dass Carr Recht hatte:

Es gab auf dieser Seite des Karisimbi keine Gorillas. Die Suche ging weiter, und Fossey fand einen idealen Aussichtspunkt auf den Hochgebirgshängen des Karisimbi. Von dort konnte sie die ganze Bergkette der Virungas sehen, eingehüllt in den Dauernebel. Fossey erblickte eine sanft gewellte Senke zwischen dem Karisimbi und dem Visoke und erkannte in ihr ein ideales Gorillagebiet und einen perfekten Platz für das neue Lager.

De Munck war Fossey beim Aufbau der ruandischen Forschungsstation eine große Hilfe. Sie begleitete sie auf ihren Erkundungsausflügen und übersetzte, wenn nötig, für sie. Am 24. September 1967 um 16.30 Uhr schlugen die beiden Frauen zusammen das neue Lager auf. Zwei Zelte wurden aufgebaut, eins für Fossey und eins für ihre Bediensteten. Das Lager (zuerst Campi ya Moshi – Rauchendes Lager – genannt, später jedoch nach den zwei Bergen, zwischen denen es sich befand, in Karisoke-Forschungsstation umbenannt) war ein Neuanfang für Fossey. Sie blieb dort mit Unterbrechungen für den Rest ihres Lebens.

LINKS Fossey und Alyette De Munck genießen zusammen das Frühstück im neuen Lager in Ruanda, das später Karisoke getauft wurde.

Das Lager in Karisoke

GEGENÜBER Fossey an einem sonnigen Tag im Oktober 1968; hinter ihr sind die beiden Originalzelte im Visoke-Lager zu sehen.

Fosseys Familie zu Hause in den USA machte sich natürlich große Sorgen wegen der Ereignisse im Kongo. Fossey hatte seit 1959 unregelmäßigen Kontakt zu ihrem Vater, George Fossey. Als dieser von dem Aufstand erfuhr, setzte er sich mit Leakey in Verbindung, um sich nach dem Befinden seiner Tochter zu erkundigen. Alexie Forrester hatte einen Brief von Dian erhalten und war so besorgt, dass er sich mit Kitty und Richard Price traf. Sie beschlossen, dass Alexie zu einer »Rettungsmission« nach Ruanda fahren solle. Er plante, Dian nach Hause zu holen und zu heiraten.

Das Treffen fand Ende September 1967 in New York statt, direkt nachdem Fossey und De Munck unterhalb des Visoke ihr Lager aufgeschlagen hatten. Während Alexie einen Verlobungsring aussuchte, begann Fossey mit der nächsten Phase ihrer Forschungen über das Leben der Berggorillas. Den Gedanken an eine Beziehung mit dem gut aussehenden Rhodesier hatte sie längst aufgegeben – doch war Alexies Reise nach Ruanda nötig, um sie endgültig von dieser Idee abzubringen.

Bei Alexies Besuch hatte sich Fossey zwar im Lager eingerichtet, unterhielt dank De Munck aber auch noch ein Basislager am Fuß des Bergs. Das Treffen am 9. Oktober in Karisoke verlief nicht besonders gut, und Alexie musste bald wieder seine Sachen packen. Anschließend schrieb Fossey einen beschwichtigenden Brief nach Hause.

Ich danke euch beiden von Herzen für die Liebe, die euch in Bezug auf Alexies Wunsch zum Handeln veranlasst hat. Ich weiß, dass dies mit Opfern und Unannehmlichkeiten verbunden und außerdem ärgerlich war. Ich kann nur in aller Aufrichtigkeit sagen, dass ich die unvorhergesehenen Folgen bedaure, die meine Geheimnisse euch beide gekostet haben – emotional und finanziell. Es erscheint mir nicht richtig, dass ihr beide die Konsequenzen meiner eigenen Unfähigkeit tragen müsst, die unreifen, egoistischen und übertrieben dramatischen Reaktionen von Leuten, die ich für vertrauenswürdig hielt, rechtzeitig zu erkennen.

NÄCHSTE SEITE Der Nebel senkt sich auf den Berg herab.

Fosseys Briefe an ihre Mutter und ihren Stiefvater waren häufig beschwichtigend. Ihre Berufswahl bereitete Kitty und Richard Price Sorgen. Viele ihrer Briefe enthalten mehr

Kommentare zu den eher banalen Neuigkeiten der Prices als Einzelheiten über ihr eigenes, aufregenderes Leben. Oft schilderte sie ihr Lager in den rosigsten Farben, vermutlich, um die beiden zu beruhigen. Manchmal grenzten ihre Beschreibungen an Fantasie:

Meine Arbeit auf dem Visokeberg in Ruanda geht unter sehr günstigen Bedingungen voran. Hier besteht überhaupt keine Gefahr, und das Lagerleben ist, verglichen mit dem Kongo, zu perfekt, um wahr zu sein. Mein Zelt steht direkt oberhalb eines steinigen, mit Farnen bedeckten, gurgelnden Baches inmitten einer blumenübersäten Wiese, die sich über drei Meilen zwischen dem Visoke und dem Karisimbi-Vulkan erstreckt. Ich kann von meinem Zelt aus alle 3 Vulkane – Mikeno, Visoke und Karisimbi – sehen, und der Blick ist so schön, dass ich gar nicht weiß, wo ich zuerst hinschauen soll. Die Wiese selbst mit den riesigen, moosbedeckten Bäumen und den schönen Bächen sieht aus wie ein englischer Park; die Rehe [eigentlich Antilopen – südlich der Sahara gibt es keine Rehe] *scheinen fehl am Platz zu sein. Die Hänge des Visoke wimmeln bis hinunter zu den Randbezirken der Dörfer von Gorillas – hier wird zum ersten Mal eine Studie durchgeführt, weil niemand gedacht hätte, dass es hier Gorillas gibt. Ich muss sagen, es ist schön, wieder zu arbeiten.*

Abgesehen von der unglaublichen Schönheit der Umgebung habe ich mich körperlich sehr gut erholt. Ich habe jede Woche frisches Fleisch sowie Brot, Kuchen und alle möglichen Leckerbissen … die von Freunden persönlich heraufgebracht werden. In der ganzen Zeit auf dem Mikeno konnten die Leute nur zweimal heraufkommen, aber hier ist mein Lager so gut erreichbar, dass ich ca. alle fünf Tage Gesellschaft habe – leider etwas zu oft. Außerdem habe ich dank Madame De Munck ein richtiges Bett, viele Tische und Stühle, eine Hängematte und so viel »Luxusartikel«, dass ich das Lager morgens gar nicht gern verlasse! Obwohl es hier keine Hütte gibt, kann ich fast immer draußen kochen und schreiben, da kein Wind weht und das Wetter recht schön ist – ganz anders als auf dem Mikeno.

Die Erreichbarkeit des Lagers für Besucher (Fossey nannte sie »faule Gaffer«) wurde zu einem immer wiederkehrenden Thema; sie ärgerte sich über die Störung durch Leute (oft luden sie sich selbst ein), die in Karisoke wohnten. Sie erwarteten, dass Fossey sie zu den Gorillas mitnahm, was Fossey wertvolle Forschungszeit kostete, ihren Tagesablauf durcheinander brachte und sehr frustrierend war; sie war immer eine Einzelgängerin gewesen, und selbst nachdem die Hütten gebaut waren, versteckte sie sich manchmal unter dem Tisch, wenn Touristen mit gezückten Kameras durch ihre Fenster spähten.

Viele Besucher des Parc des Volcans, wo sich das Lager befand, hatten jedoch nicht so harmlose Motive. Fossey stellte mit Schrecken fest, dass die Grenzen des Parks, der eine Zufluchtsstätte für den abnehmenden Berggorillabestand sein sollte, von den einheimischen Watutsi nicht respektiert wurden. Ruanda ist zwar klein, aber stark überbevölkert, und jedes verfügbare Stück Land wird von den Bauern genutzt, um sich ein dürftiges Auskommen zu sichern. Vieh wurde illegal durch den Wald getrieben, zerstörte die Vegetation und verdrängte die Gorillas auf den Berghängen weiter nach oben.

OBEN Eine typische Landschaft in Ruanda mit intensiv bewirtschafteten steilen Hügeln und Befestigungen gegen die Erosion.

GEGENÜBER Fossey imitiert die Nahrungsaufnahme der Gorillas, wobei ihr Mitglieder der Gruppe 8 – Peanuts, Samson und der Silberrücken Rafiki – zusehen.

Die Batwa jagten schon seit Jahrhunderten Schliefer und Antilopen im Wald und hörten auch jetzt, da das Gebiet ein Nationalpark war, nicht damit auf; ihre Drahtschlingen waren für verkrüppelte und getötete Gorillas verantwortlich. Dazu kamen die Wilderer, die Gorillas für Privatsammler, Zoos oder als Trophäen jagten: Europäische und amerikanische Touristen mochten Souvenirs aus Gorillakörperteilen besonders gern, und das traditionelle afrikanische »Sumu« (eine Art schwarze Magie) verlangte manchmal ebenfalls nach Teilen toter Gorillas.

Fossey entwickelte gegenüber Eindringlingen im Park eine »Nulltoleranz«. Sie war entschlossen, die Grenzen zu verteidigen, und zerschnitt die Fangschlingen trotz der Kritik ihrer Freundinnen Alyette De Munck und Rosamond Carr. Die beiden hatten fast ihr ganzes Leben in dieser Region verbracht und argumentierten, dass es falsch sei, diesen Menschen ihren Lebensunterhalt zu verwehren. Fossey räumte ein, dass »Afrika den Afrikanern gehört«, blieb jedoch in Sachen Park immer unflexibel. Es gab Gesetze zum Schutz des kostbaren Lebensraums, und sie wollte dafür sorgen, dass sie eingehalten wurden.

Fossey lag den Mitarbeitern des L'Office Rwandais du Tourisme et des Parcs Nationaux (ORTPN) – der Behörde, die für den Parc des Volcans zuständig war – ständig in den Ohren. Schließlich wurde ihr zugesagt, dass die bewaffneten Patrouillen des Bezirks verstärkt würden. Es war ein kleiner, unbedeutender Schritt; die Wachen patrouillierten nur etwa einmal pro Monat, und wenn sie Wilderern begegneten, waren sie leicht erpressbar – oder wurden zusammengeschlagen. Die Bezirksverwaltungsbeamten hatten kein Interesse: Lebende Gorillas brachten weder der örtlichen Bevölkerung noch der Volkswirtschaft irgendeinen Nutzen. Auf Kosten der Bauern teures Geld für ihren Schutz auszugeben galt bestenfalls als sinnlos und schlimmstenfalls als kontraproduktiv in Bezug auf die politischen Ziele.

Trotz dieser Probleme stürzte sich Fossey in die Arbeit. In Kabara war sie drei Gorillagruppen begegnet und hatte sie Gruppe 1, 2 und 3 genannt. In ihrem ersten Jahr auf dem Visoke konzentrierte sie sich auf vier Hauptgruppen: 4, 5, 8 und 9 und stieß gelegentlich auf andere Gruppen (Gruppe 6 und 10 waren Randgruppen. Gruppe 7 war ein Fehler – Fossey hatte Mitglieder der Gruppe 5 nicht wieder erkannt, die abseits von den anderen fraßen). Zum Aufspüren der Gruppen musste Fossey die Knöchelabdrücke in der weichen Erde lesen und Spuren aus verbogenem oder zerdrücktem Geäst in der Vegetation finden, die die Gorillas auf ihrem Weg hinterließen.

Die gängige Empfehlung zur Beobachtung von Primaten war, sich einfach hinzusetzen und zuzuschauen, doch Fossey lernte in Kabara, dass sich ein Tier, das von einem fremden

OBEN Abtippen von Notizen in der ersten Hütte in Karisoke mit Unterstützung des Hausaffen Kima.

Wesen beobachtet wird, meist nicht mehr natürlich verhält. Ein vertrauter und akzeptierter »Insider« konnte jedoch Teil der Gruppe werden und sie so studieren, ohne das Normalverhalten zu beeinflussen. Fossey entwickelte daher Gewöhnungstechniken, die ihre Anwesenheit für die Gorillagruppen akzeptabel machten. Nach vorsichtiger Annäherung an eine Gruppe suchte sie sich einen geeigneten Platz, um sich hinzusetzen und zu beobachten – ein Platz, an dem die Gorillas sie sehen konnten, wenn sie Tätigkeiten wie Nahrungsaufnahme und Fellpflege imitierte. Sie ahmte auch einige ihrer Laute nach, vor allem ihr kehliges Brummeln, das Zufriedenheit und Wohlbehagen auszudrücken schien; sie nannte diese Laute »Rülpslaute«. Mithilfe dieser unkonventionellen Techniken konnte Fossey bis zum Sommer 1968 vier Gorillagruppen teilweise an sich gewöhnen.

Alyette De Munck unterstützte Fossey auch weiterhin, und Anfang 1968 baute sie in Karisoke eine eigene Hütte aus Holzpfählen und Wellblech. Im Februar 1969 hatte sie zwei Räume, gelbe Gardinen, Binsenmatten und einen funktionstüchtigen Holzofen in jedem Raum. Fossey liebte die Abende im Lager und schilderte später, wie sich, vermutlich vom Lagerfeuer angezogen, Büffel und ein einsamer Elefant in der Nähe einfanden. Sie tranken am Bach und spazierten dann schnaubend durch das Lager und weiter zur Wiese.

Im Sommer kam der Fotograf Alan Root auf einen kurzen Vorbereitungsbesuch zu Dian ins Lager. Er hatte von der National Geographic Society den Auftrag, Fossey und die Gorillas mit einer Schmalfilmkamera zu filmen und Fotos zu machen, die sich für die Veröffentlichung in deren Zeitschrift eigneten. Die National Geographic Society war Fosseys Hauptsponsor in Karisoke, und ihre finanzielle Unterstützung für die Fortführung des Forschungsprojekts unentbehrlich. Root wurde von Cambridge-Professor Robert Hinde begleitet, der Fosseys Forschung beobachten wollte. Fossey war zwar in Cambridge als Postgraduierte angenommen worden, doch hatte sie keinen offiziellen Zoologieabschluss und musste beweisen, dass sie fundierte akademische Studien betrieb, damit ihre Forschung in Wissenschaftskreisen ernst genommen wurde. Hinde übernahm die Arbeit in Karisoke bereitwillig. Er hoffte, weitere Jungwissenschaftler nach Ruanda schicken zu können, wenn er Fossey bei ihrer Doktorarbeit half – was ein echter Coup für die Universität wäre. Aber sowohl Root als auch Hinde waren skeptisch in Bezug auf Fosseys Methode der Datensammlung. Beiden war klar, dass die Studie, obwohl sie das Potenzial für eine Langzeitstudie hatte, korrekt durchgeführt werden musste. Das hieß, dass Fossey zur Verhaltensforscherin ausgebildet werden musste.

Vor Alan Roots Ankunft im Lager hatte Fossey Vorbereitungen für eine USA-Reise getroffen: ihr erster Heimatbesuch seit zwei Jahren. Geplant war ein Zwischenstopp in Nairobi, um Leakey über ihre Fortschritte zu berichten, und einer in England, um mit Robert Hinde über ihre Dissertation zu sprechen. Anschließend würde es weiter nach Washington zum Forschungsausschuss der National Geographic Society gehen, um die zukünftige Finanzierung von Karisoke zu besprechen. Danach wollte sie noch ihre Freunde in Louisville und die Prices in Kalifornien besuchen. Ganz oben auf ihrer Liste stand auch eine Zahnbehandlung. Von Zahnschmerzen geplagt, wollte sie in den USA genauso dringend zum Zahnarzt wie zu ihren Eltern. Aber Fossey verschob ihre Reise, um bei Root zu bleiben, während er im Lager seinen Film- und Fotoauftrag plante. Im Gegenzug wollte er versuchen, jemanden zu finden, der während Dians Abwesenheit das Lager beaufsichtigen konnte. Schließlich bot er an, die Aufgabe selbst zu übernehmen.

Nach seinem Vorbereitungsbesuch in Karisoke fuhr Root jedoch zum Meru Nationalpark in Kenia und wurde dort beim Filmen von einer Puffotter gebissen. Zum Glück überlebte er den in der Regel tödlichen Biss, war jedoch anschließend für einige Zeit außer Gefecht gesetzt. Deshalb bat Root seinen Freund Bob Campbell, während Fosseys Abwesenheit in Karisoke zu wohnen. Campbell war ein angesehener und erfahrener Fotograf und Filmemacher: Er hatte gerade mit Richard Leakey, Sohn von Fosseys Mäzen Louis, bei archäologischen Ausgrabungen in Nordkenia gearbeitet. Campbell ergriff die einmalige Gelegenheit, wilde Gorillas zu filmen, sofort beim Schopf.

UNTEN Bob Campbell ruht sich 1968 während seiner Zeit als Verwalter in der Hütte des Lagers aus. Der zweite Raum wurde erst später angebaut.

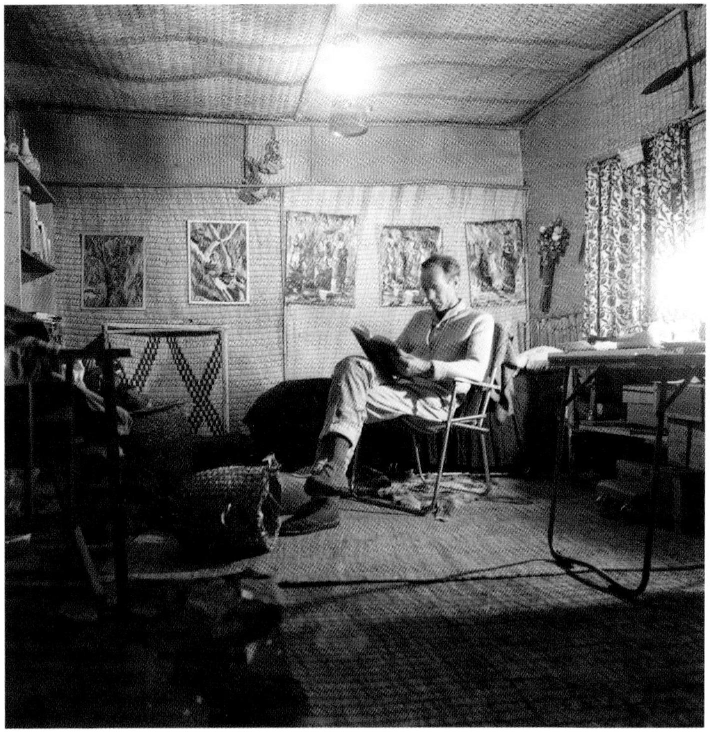

OBEN Rafiki, der Silberrücken und Anführer von Gruppe 8, bleibt völlig gelassen, während Fossey sein Verhalten aufzeichnet.

Als Campbell im Lager ankam, war er fasziniert, die Frau kennen zu lernen, von der er schon so viel gehört hatte. Fosseys Begrüßung war so kühl wie die Bergluft, und als sich am Abend die Wolken verdichteten, quartierte er sich in einem von Fosseys mittlerweile alten und vermodernden Zelten ein und ging sofort zu Bett.

Am nächsten Morgen nahm Fossey Campbell mit ins Forschungsgebiet und über die unsichtbare Grenze in den Kongo; sie suchten Gruppe 8 – vier noch nicht geschlechtsreife Männchen mit dem großen Silberrückenmännchen Rafiki (was »Freund« bedeutet) als

Anführer. Diese Gruppe, in der keine Jungtiere oder Weibchen beschützt werden mussten, hatte Fosseys Gegenwart in ihrer Nähe akzeptiert. Fossey zeigte Campbell, wie sie sich nahe bei den Gorillas niederließ und ihr Verhalten aus sicherem Abstand beobachtete. Von einem Baum aus hatte sie häufig einen besseren Überblick, da dann das dichte Buschwerk die Sicht auf die Gorillas nicht versperrte. Campbell merkte bald, dass seine Kamera und Filmausrüstung für die Arbeitsbedingungen ungeeignet waren: Durch die moosbedeckten Kosobaumkronen drang nur wenig Licht, und das dichte, schwarze Fell der Gorillas war kaum von den Schatten zu unterscheiden. Ihm wurde klar, dass der Auftrag eine größere Herausforderung darstellte als erwartet, aber da er die scheuen Gorillas jetzt selbst gesehen hatte, konnte er es kaum erwarten anzufangen.

Am nächsten Morgen waren die beiden wieder auf Gorillasuche und kehrten ins Lager zurück, als die Post kam; ein Telegramm war dabei, in dem Fossey die Nachricht vom Selbstmord ihres Vaters, George Fossey, mitgeteilt wurde. Campbell zog sich zurück, und Dian musste mit der neuen Tragödie allein fertig werden. Anscheinend sprach sie mit niemandem darüber. Am folgenden Morgen verließ sie Ruanda, um nach Hause zu fliegen.

UNTEN Mitglieder der Gruppe 5, darunter Bravado, die eine von Fosseys Lieblingen wurde.

Als sie im November 1968 wieder im Lager war, begann Fossey, regelmäßig mit Campbell, der nach Nairobi zurückgekehrt war, zu korrespondieren und ihm Neuigkeiten und Ereignisse mitzuteilen. Im November 1968 schrieb sie:

Gruppe 5 hat meine Anwesenheit völlig akzeptiert und zeigt an Tagen, an denen sie meine Gegenwart bemerkt, kein Reaktionsverhalten. Ihr Revier hat sich jedoch so sehr verändert, dass ich bei den meisten Kontakten versucht habe, unsichtbar zu bleiben, um völlig normale Verhaltensweisen beobachten zu können. Sie bewegten sich im Zickzack über den Hauptweg von Kinigi, blieben in den letzten sieben Tagen in der Senke und nisteten zwei Nächte hintereinander im selben Gebiet. An einem Tag, als teilweise die Sonne schien, legten sie gut eineinhalb Meilen in Richtung Vorgebirge des

Karisimbi zurück (die Route von Gruppe 10), bevor sie umkehrten und die Wiese überquerten! Was für ein Anblick!

Seit dem 17. herrscht hier von morgens bis abends Dauerregen und -nebel, was die Beobachtung von Gruppe 5 erschwert.

OBEN Fosseys Beobachtungen der Gorillas waren für das Verständnis ihrer Gewohnheiten und Verhaltensweisen zwar wichtig, doch noch wichtiger war die Durchführung einer Zählung, um herauszufinden, wie viele Gorillas es in den Virungas noch gab.

Fossey beschwerte sich erneut über die Besucher, die sie »belagerten«. Sie ärgerte sich über die Zeit, die sie aus Pflichtgefühl mit Kochen und der Betreuung der ungebetenen Gäste verbrachte.

Nur vier Tage später verfasste sie den nächsten Brief an Campbell und beschrieb ihre Schwierigkeiten, Gorillas aufzuspüren; sie hatte nur Gruppe 5 finden können. Sie ließ ihrem Frust über einige Wilderer, die ihrer Meinung nach die Tiere gestört hatten, freien Lauf:

Gestern war es einfach furchtbar, Bob, als eine Gruppe von 15 Wilderern, ihre Hunde und die Büffel, die sie jagten, alle zusammen auf einem Fleck waren. Die armen Gorillas zerstreuten sich in alle Richtungen und hinterließen fast büffelartigen Dung. Ich weiß nicht, ob ich jemals so wütend war, und verfolgte [die Wilderer] *mit blankem Hass. Dabei trug ich meine Furcht einflößende Gorillamaske und hatte eine Kamera in der einen und eine Wasserpistole in der anderen Hand und die Tränengasflasche in der Tasche. Das Ergebnis war spektakulär, und sie rannten wie verrückt, aber da war der Schaden schon angerichtet. Ich habe mich so sehr bemüht, es mit dieser Gruppe ruhig angehen zu lassen, damit sich die Gorillas hier in der Senke »willkommen« und sicher fühlen, denn sie halten sich normalerweise nur hier auf, wenn wegen des strömenden Regens keine Rinder in der Gegend sind.*

Als die Zahl der Gorillagruppen, denen Fossey begegnete, stieg, merkte sie, dass sie Hilfe brauchte. Ein Hauptziel des Forschungsprojekts war, eine Bestandsaufnahme der Gorillas durchzuführen, doch schon bald stellte sich heraus, dass Fossey dies nicht allein schaffte; ihre Gesundheit ließ keine langen Märsche zu, und außerdem hatte sie Höhenangst. Obwohl Fossey mit Campbell nicht über diese Einschränkungen redete, merkte er doch, dass sie Fosseys Arbeit beeinträchtigten. Eine Zählung war trotz allem unerlässlich: Fossey vermutete, dass sich seit Schallers Aufenthalt in der Region der Gorillabestand in drei beobachteten

GEGENÜBER Die Kontaktaufnahme mit den Gorillas war nicht immer leicht, da die Gruppen oft mehrere Kilometer voneinander entfernt waren. Hier nähert sich Fossey Tiger und Papoose aus Gruppe 4.

Gruppen halbiert hatte. Wenn dies auch für die restliche Population galt, war die Spezies ernsthaft vom Aussterben bedroht. Es gab einfach zu viel Arbeit für eine Person – vor allem, wenn einige Gorillagruppen sehr scheu waren und man sich mit Wilderern befassen musste.

Fossey hatte sich zwar auf die vier habituierten Gruppen 4, 5, 8 und 9 in der Nähe des Lagers konzentriert, doch bestand die Gefahr, dass sie sich übernahm. Gruppe 8 und 9 lebten mindestens eine oder zwei Stunden vom Lager entfernt, jenseits der Grenze zum Kongo. Gruppe 4 verbrachte die Hälfte der Zeit ebenfalls jenseits der Grenze, und Gruppe 5 bewegte sich an den Hängen des Visoke. Das Aufspüren einer Gorillagruppe konnte Stunden dauern, und selbst dann war ihre Beobachtung schwierig. Im dichten Laubwerk waren die Gorillas nur zeitweise zu sehen, und interessante Verhaltensweisen wurden unterbrochen oder verdeckt, wenn die Tiere sich bewegten oder den Standort wechselten. Kein Wunder, dass Fossey angesichts der vielen Besucher, die diese wichtige Feldforschung unterbrachen, immer schwieriger und unkooperativer wurde.

Ruanda, 24. Dezember 1968

Lieber Bob,

… ich hatte heute einen furchtbaren »Touristen« – noch dazu Amerikaner. Er tauchte heute Morgen auf, um zu verkünden, dass ich ihm die Gorillas zeigen solle; stattdessen zeigte ich auf den Berg und sagte: »Suchen Sie sie doch.« Er sagte, er sei darauf eingestellt, mehrere Tage zu bleiben, und würde mir folgen, wenn ich das nächste Mal hinausginge! Es folgte eine ziemlich hitzige Diskussion, in der ich alles, von seiner Männlichkeit bis zu seiner Mutter, beleidigte, und er mir auch nicht gerade Komplimente machte. Es war ein toller Tag, denn er und seine Träger folgten falschen Fährten, die meine Männer gelegt hatten, gaben schließlich auf und verschwanden vor Einbruch der Dämmerung. Hähä!

Sie werden es nicht glauben – selbst ich finde es unglaublich –, aber ich habe meine geliebten Gruppen 8 und 9 noch nicht gesehen!!!!! Gruppe 5 hat unterhalb des Lagers eine fantastische Spur in Richtung Karisimbi hinterlassen, und ich wage nicht, sie auch nur für einen Tag zu verlassen, was es unmöglich macht, mit ihr aufzuhören und auf die andere Seite des Bergs zu gehen und mich mit Gruppe 8 oder 9 zu befassen. Ich bin mit der Situation zwar nicht ganz zufrieden, aber es ist ein Lernprozess, und es bleibt mir nicht viel anderes übrig. Mittlerweile haben sie sich VIEL *zu sehr an mich gewöhnt, vor allem die Babys und Halbwüchsigen, die sich jetzt in ihrer Verspieltheit noch vor den Silberrücken*

nähern. Leider hat dies katastrophale Auswirkungen auf die Silberrücken, die denken, ich würde ihre Jungen entführen; sie sind äußerst aggressiv geworden – was ich nie für möglich gehalten hätte. Hatte zwei Kontakte, von denen ich dachte, ich würde sie nicht überstehen, gehe aber immer wieder hin, da es neu ist und völlig anders als alles, was ich kenne.

Habe immer noch haufenweise Probleme mit Wilderern, habe aber gestern etwas ziemlich Drastisches gemacht, also beruhigt sich die Lage jetzt vielleicht für eine Weile …

Viele Grüße
Dian Fossey

OBEN Die wachsamen Schwarzrücken Peanuts und Geezer beobachten, halb in den dichten Nesseln versteckt, Fossey, die vorgibt zu essen.

Die Spannungen zwischen Fossey und den Wilderern und Viehhirten hielten bis ins neue Jahr an, und Fossey, die herausgefunden hatte, dass drastische Maßnahmen etwas zu bewirken schienen, nahm keinerlei Rücksicht, als ihre geliebte Boxerhündin Cindy verschwand. Im Februar 1969 schrieb sie an Campbell und gestand:

Hier ist so viel passiert, Bob, dass ich gar nicht weiß, wo ich anfangen soll. Am 7. dieses Monats haben Bambuti-Wilderer Cindy entführt, aber da ich nicht weiß, ob es Bambuti oder Watutsi waren, habe ich 8 Tutsi-Rinder entführt, aus Seilen und Pfählen ein Gehege gebaut und den Aufruf ergehen lassen, dass ich jeden Tag eine Kuh töten würde, bis ich meinen Hund zurückbekomme. (Ich hatte schon Visionen von Stapeln von Kadavern, da ich mit meinem typisch mangelnden Weitblick den Eingang mit Blechplatten zugenagelt hatte!) Die Tutsi waren jedoch so besorgt, dass sie uns zu Hilfe kamen und meine Männer ins Versteck der Wilderer hoch oben auf dem Karisimbi führten, wo Cindy festgehalten wurde, und so bekam ich sie wieder.

OBEN Fossey verlangt die Freigabe ihres Hundes Cindy, der entführt worden war. Als Vergeltungsmaßnahme entführte Fossey acht Tutsi-Rinder.

Fossey berichtete Campbell, dass sie noch einmal erfolglos auf die Suche nach Gruppe 9 gegangen war. Sie hatte jedoch eine unvergessliche Begegnung mit Peanuts, dem jüngsten Männchen aus Gruppe 8, sowie mit Mitgliedern der Gruppe 5.

Neulich nahm Peanuts mein Französischbuch und hielt es zufällig richtig herum und blätterte beeindruckender darin als jeder Afrikaner. Am selben Tag versuchte er auch, meinen Stiefel vom Baum zu holen, was sich als schwierig erwies, da ich ihn anhatte und mich verzweifelt an den Baum klammerte. Nach Tagen dieser aufregenden engen Kontakte wollten sie nichts mehr mit mir zu tun haben – ich glaube, sie waren einfach gelangweilt …

Ich hatte viele tolle Kontakte mit [Gruppe 5]*, als die Jungtiere die Silberrücken und andere Erwachsene verließen, um sich mir zu nähern. Dadurch wurde der Beschützerinstinkt der Silberrücken auf bedrohliche Weise geweckt – Scheinangriffe etc. Außerdem gibt es eine Mutter mit einem Neugeborenen in dieser Gruppe, die überhaupt nicht scheu ist.*

GEGENÜBER Peanuts, der Jüngste der nur aus Männchen bestehenden Gruppe 8, eroberte Fosseys Herz, indem er als erster wilder Gorilla Körperkontakt mit ihr aufnahm.

Unterdessen war Roots verletzte Hand nicht richtig verheilt, und er konnte seinen Auftrag als Fotograf in Karisoke nicht ausführen. Ohne Fosseys Wissen setzte sich Robert Gilka, leitender Fotograf der National Geographic Society, mit Bob Campbell in Verbindung und bat ihn, das Projekt »langfristig« zu übernehmen. Campbell sagte zu und traf Vorbereitungen, doch vermutlich wegen des unzuverlässigen Postwegs zwischen Afrika und den USA hatte Fossey nichts von der Wahl des Fotografen erfahren und wusste auch nichts über die bevorstehende Ankunft eines neuen Mitarbeiters zum Zählen. Die Anspannung zeigte sich auch in Fosseys Korrespondenz. Am 14. Februar 1969 schrieb sie an Campbell:

Ich habe Ihren Brief vom 5. vor 20 Minuten erhalten und erst mal Dampf abgelassen, bevor ich Ihnen schreibe – bitte glauben Sie mir, dass sich mein Zorn nicht gegen Sie richtet.

Ihre Vermutung, dass ich von nichts wusste, ist richtig …

Ich kann diese »Mutter-weiß-es-am-besten«-Politik, die vom N.G. und Dr. Leakey bezüglich meiner Arbeit betrieben wird, von der sie keine Ahnung haben, überhaupt nicht leiden. Es ist eine Sache, diese Arbeit von einem Schreibtisch in Washington oder Nairobi aus zu »beaufsichtigen« und eine andere, seit zwei Jahren hier in diesen Bergen zu arbeiten. Für sie bin ich offensichtlich nur ein Lakai, eine Rolle, die ich noch nie gut gespielt habe.

Es gab viel Verwirrung bezüglich der Identität des neuen Zählers: Fossey nahm an, dass Leakey einen amerikanischen Studenten schicken wolle, um die Zählung durchzuführen, als sie ein Telegramm erhielt, in dem Leakey ihr mitteilte, dass er nun jemand ganz anderen geschickt habe – »einen Shackford« – der jeden Tag ankommen müsste.

Zum Teufel – wenn der Mann sich nicht einmal fünf Minuten Zeit nimmt, um sich hinzusetzen und einfach eine Notiz zu schreiben, um den Leuten mitzuteilen, was los ist – merde.

Informationsmangel war nicht Fosseys einziges Problem. Sie hatte zwar Wilderer und Hirten erfolgreich aus ihrem Forschungsgebiet vertrieben, fand jedoch einen anderen Eindringling, der ihre Arbeit gefährdete.

Ich habe Ihnen von dem hässlichen Amerikaner erzählt, der am 23. Dez. zum letzten Mal im Lager war. Heute erfuhr ich, dass er letzten Sonntag mit 3 anderen »Weißen« zurückgekehrt ist, im Dorf Führer für 300 Franc pro Tag (!) angeheuert hat, weiter unten

ein Lager errichtet und Gruppe 5 gefunden hat. Berichten zufolge … hat er sie den ganzen Tag verfolgt, gefilmt und fotografiert und plant, in Gipfelnähe vorübergehend ein Lager zu errichten, von wo aus er Zugang zum ganzen Berg hat …

Das hat mich wirklich geärgert – ich werde mit solchen Problemen einfach nicht fertig und bin sehr froh, wenn mir jemand aus der Riege der Fotografen oder Mitarbeiter für die Zählung etwas moralische Unterstützung geben kann.

OBEN Fossey bei der Arbeit in ihrer Hütte. Sie klebt Tonbänder mit Gorillalauten zusammen.

Positiv war jedoch, dass Fossey jetzt ihr Tonbandgerät ins Feld mitnahm und jeden Abend drei Stunden mit dem Kleben von Bändern zubrachte, damit alle Brustschläge, Warnrufe und »Hoot«-Serien auf einem Band waren. Fosseys Arbeit auf diesem Gebiet war bahnbrechend und bildete später einen großen Teil ihrer Doktorarbeit.

Unterdessen war die Fotografenfrage endlich geklärt. Am 17. Februar 1969 schrieb Fossey an ihre Eltern:

Bob Campbell, der Fotograf, der während meiner Abwesenheit hier war, kommt in ein paar Wochen, und Leakey schreibt, dass auch ein Amerikaner vom N.G. ausgewählt wurde, der aber nicht sofort kommen kann. Wahrscheinlich fotografieren die beiden sich letztendlich gegenseitig! In der Zwischenzeit probiere ich neue Frisuren aus und plage mich rund um die Uhr mit der Gesichtscreme herum – sie hilft kein bisschen!

Endlich wurde alles etwas besser; Fossey rechnete damit, dass sie ihre Forschung fortsetzen, eine umfassende Studie zusammenstellen und der National Geographic Society reichlich gutes Material zur Verfügung stellen konnte, um ihre Arbeit zu veröffentlichen. Aber dann hörte sie am 24. Februar 1969, dass ein Gorillababy in der Parkverwaltung festgehalten wurde.

Fossey holte das Baby und brachte es nach Karisoke. Etwa eine Woche später wurde ihr ein weiteres Gorillababy gebracht. Die Parkbehörde hatte die Gefangennahme der Babys veranlasst, die im Tausch für einen Landrover und eine hohe Geldsumme in den Kölner Zoo geschickt werden sollten. Die Babys waren schlecht versorgt worden und ernsthaft krank – Fosseys Hilfe war nötig, um sie so weit hochzupäppeln, dass sie nach Europa

reisen konnten. Zwischenzeitlich hatte die National Geographic Society Fossey kontaktiert und ihr mitgeteilt, dass sie ihr Studium an der Cambridge University nicht finanzieren würde. Ohne dieses Geld musste Fossey ihre Dissertationspläne auf Eis legen.

GEGENÜBER Fossey verlässt das Lager, um den beiden Gorillababys Coco und Pucker, die von ruandischen Parkwächtern gefangen worden waren, Bewegung zu verschaffen.

Ruanda, 7. März 1969

Lieber Bob,

... Wie Sie vielleicht wissen, drehe ich bei der 24-Stunden-Pflege zweier von ruandischen Parkwächtern gefangenen Gorillas fast durch, und wenn Gott höchstpersönlich käme, um meine Arbeit zu fotografieren, gefolgt von Jesus, um die Forschungsarbeit zu machen – ich würde ihnen nicht einmal zunicken.

Das erste Tier ist etwa 2 Jahre alt und wurde am 27. Januar von den verdammten Führern gefangen und 3 Wochen und fünf Tage in einer dunklen, kalten Kiste gehalten, bis ich davon erfuhr und hinunterging, um es abzuholen – halb tot. Das zweite wurde am 26. oder 27. Februar gefangen und 5 Tage unter denselben Bedingungen gehalten und mit Brot und Bananen gefüttert; also ist es jetzt auch hier ...

Jedenfalls geht sowohl meine Korrespondenz als auch meine Feldforschung und die gesamte Organisation seither den Bach runter, und deshalb bin ich mit meiner Korrespondenz furchtbar in Verzug, was mir aber nicht so wichtig ist wie die Pflege der beiden Tiere ...

Mein [Tonbandgerät] *ist kaputt, und so konnte ich es seit der Ankunft der beiden Babys nicht benutzen, was äußerst ärgerlich ist, da ihre Laute wirklich etwas gewesen wären, vor allem das anfängliche herzzerreißende Weinen und Wimmern. Bringen Sie Ihr Gerät mit, wenn Sie können – es schadet nichts, in diesem Lager zwei davon zu haben.*

Fossey beendete ihren Brief mit einer Einkaufsliste. Da sie an einem abgelegenen Ort lebte, war sie von Besuchern und Arbeitern abhängig, die ihr regelmäßig Ausrüstungsgegenstände wie Filme, Stiefel, Batterien, Lampen und Öfen mitbrachten.

Kann Ihnen kein Geld für die Dinge schicken, die Sie mir aus Nairobi mitbringen sollen, da ich total pleite bin und immer noch einen Monat vor mir habe.

Fossey nannte das junge Gorillaweibchen Pucker Puss und das Männchen Coco. Sie wurde für die beiden Babys zur Vollzeitmutter, und alle anderen Tätigkeiten kamen zum Stillstand.

OBEN Fossey stellte den Gorillababys einen der Räume in ihrer Hütte zur Verfügung. Sie bedeckte den Boden mit frischen Blättern und Zweigen, damit sie sich wie zu Hause fühlten.

Fossey fand jedoch Zeit, um an Naturschutzorganisationen, den Kölner Zoo und andere zu schreiben, die vielleicht helfen konnten, Cocos und Puckers Umzug nach Deutschland zu verhindern. Sie wusste, dass eine Gorillagruppe ein Jungtier bis zum Schluss verteidigt und vermutete, dass andere Tiere gestorben waren, bevor die Babys gefangen wurden. Verständlicherweise war sie empört.

Als Fossey im März an ihre Eltern schrieb, war ihr Ton merklich gereizt, und sie konnte ihren Neid auf die Aufmerksamkeit, die Campbell in den USA erhielt, während sie hier ziemlich erfolglos kämpfte, nicht verbergen.

Das Leben hier auf dem Berggipfel ist sehr kompliziert geworden, aber das ist wohl meine Schuld, da ich nach der Verbreitung der Geschichte von der Gefangennahme der beiden Gorillababys eine Reaktion von richtigen Naturschutzorganisationen erwartet habe und nicht die hysterischen Reaktionen, die ich von Fotografen, Filmemachern und der Presse bekam. Es ist alles sehr anstrengend, und ich sehne mich nach den schönen, ruhigen Tagen in Kabara im Kongo …

Der neue Fotograf [Bob Campbell] *ist furchtbar großspurig geworden, entschuldigt meine Beschreibung von ihm, aber es ist so, weil das N.G. ihm den Flug nach Amerika bezahlt hat, damit er zwei Wochen in diesem schrecklichen Hotel wohnen konnte, und das nur, um ihn über diesen Auftrag zu informieren. Er war vorher noch nie in den Staaten, und jetzt denkt er wirklich, er sei eine große Nummer, und ist total verwöhnt von der Aufmerksamkeit, die er vom N.G. bekommt, und scheint nicht zu merken, dass dies einfach nur ein Teil der Firmenpolitik ist.*

Hoffe, das lässt nach, wenn er hier ankommt – nächste Woche.

Ende April war Fossey etwas zuversichtlicher im Hinblick auf die Zukunft der jungen Gorillas, und obwohl die beiden am 1. Mai nach Köln fliegen sollten, hegte Fossey die leise Hoffnung, dass Naturschutzorganisationen eingreifen würden und die Babys wieder ausgewildert werden könnten. Wieder in Karisoke, hatte

UNTEN Bob Campbell mit Coco, Pucker und Fosseys Hund Cindy.

LINKS Fossey verwendete viel Energie darauf, an Behörden zu schreiben und sich dafür einzusetzen, dass die Babys wieder ausgewildert wurden, jedoch ohne Erfolg.

Campbell Coco und Pucker ausgiebig fotografiert und gefilmt, was Fossey gefiel, auch wenn sie wegen seiner Anwesenheit im Lager verärgert war. Sie schrieb ihren Eltern:

Campbell, der Fotograf, gewöhnt sich jetzt langsam an, nicht mehr alle zwei Sekunden ins Haus zu kommen. Ihr müsst denken, ich sei ein echter Griesgram, aber er ist wirklich der größte Langweiler, den ich kenne, und seine altmodischen Manieren machen mich wahnsinnig, gerade jetzt, wo ich wegen der Babys ans Lager gefesselt bin. Er weigert sich hartnäckig, allein hinauszugehen, obwohl sich eine Gruppe vielleicht zehn oder 20 Minuten vom Lager entfernt aufhält. Ich vermute ja, er hat Angst, den Gorillas allein zu begegnen, vor allem jetzt, wo sie sich so sehr an mich gewöhnt haben … Ich glaube nicht, dass man zwei Menschen zusammenbringen könnte, die weniger zueinander passen. Ich schreibe das nur Euch beiden, da es unmoralisch wäre, anderen etwas über ihn zu erzählen. … Innerhalb der nächsten zehn Tage reisen die Babys ab … und zwei Doktoren reisen an, die längere Zeit mit der Erforschung der »Exkremente und Parasiten« wilder Gorillas verbringen wollen. Ich frage mich, ob ich mit alldem gut zurechtkommen werde.

Muss jetzt Schluss machen, weil eine Wildente, die mir einer meiner Afrikaner geschenkt hat, gerade ihren Käfig auseinander nimmt. Der Mann, der sie gefangen hat … hat ihr mit einer Panga [Machete] *die Flügel gestutzt, sodass sie nicht vor* [mir] *wegfliegen kann.*

UNTEN Träger tragen die Kiste mit Coco und Pucker den Berg hinunter, damit sie die lange Reise zum Kölner Zoo antreten können.

Auch Campbell genoss seinen Aufenthalt nicht. Er war bei Fossey nicht willkommen, da sie, so glaubt er jetzt, enttäuscht war, dass Alan Root, den sie sehr mochte, den Auftrag als Fotograf nicht annehmen konnte. Campbell wusste, dass er in Fosseys Augen ein schlechter Ersatz war.

Coco und Pucker verließen Ruanda schließlich am 3. Mai, und die Regenzeit brachte trostloses, nasses Wetter, das zu Fosseys Stimmung passte: Sie war verzweifelt – »emotional völlig am Ende«, wie Campbell sie später beschrieb.

Die jungen Gorillas überlebten nur neun Jahre im Kölner Zoo und starben beide innerhalb eines Monats. (Wilde Gorillas werden 30 Jahre alt oder älter).

Fosseys Glaube an Naturschutzorganisationen war zerstört; sie hatten sich als unfähig erwiesen, als es um den Schutz zweier Jungtiere ging, die einer stark bedrohten Spezies angehörten. Die Folgen zeigten sich in Fosseys späterer Karriere, als sie offiziellen Naturschutzorganisationen und deren Vorschlägen zum Schutz der Gorillas kaum Beachtung schenkte.

Sie vertrat, wie sie es nannte, »aktive Naturschutz«-Methoden: eine direkte Konfrontation der Wilderer – und aller anderen, die das Überleben der Berggorillas bedrohten.

OBEN Fossey und Alyette De Munck inspizieren das Gerüst für die neue Küche.

Ruanda, 17. Mai 1969

Liebe Mutter, lieber Vater,

... Mrs. De Munck ist jetzt zum ersten Mal seit Ende Dezember hier, und diesmal baut sie eine Küche – sie hat immer noch den Drang zu arbeiten oder sich zu beschäftigen, aber sonst hat sie sich enorm gebessert, seit ich sie zum letzten Mal gesehen habe. Die Küche ist eine erhebliche Verbesserung gegenüber der, die ich letztes Jahr »gebaut« habe, da sie einen großen, abschließbaren Vorratsraum haben wird ... Im Moment ist das Lager mit meiner groooooßen Hütte, dem Zelt des Fotografen plus seiner und meiner Außentoilette und der »Küche« wirklich hässlich ...

Trampeltier [Bob Campbell] *hat einen weiteren Schwung Filme vom* N.G. *bekommen, von denen einige ganz gut waren ... Ich musste ihn buchstäblich anflehen, mir den ersten Schwung Dias zu zeigen, weil er einfach so ist ...*

Alles Liebe
Dian

Fossey nahm die Feldforschung wieder auf, begleitet von Campbell. Die schlechten Wetterbedingungen behinderten die Arbeit stark, und die Gorillas erwiesen sich als scheu. Der Verlust zweier junger Gorillas belastete Fossey sehr und drückte auf ihre Stimmung. Sie war sehr depressiv geworden und versuchte, Campbells Arbeit zu kontrollieren, indem sie ihm verbot, ohne sie Kontakt zu den Gorillas aufzunehmen. So konnte er nur filmen, wenn Fosseys Gesundheit und Kondition es erlaubten. Es war das erste Anzeichen von Berufsneid, unter dem Fossey während ihrer gesamten Zeit in Karisoke litt.

Es gab jedoch auch gute Nachrichten. Leakey teilte Fossey mit, dass die letzte Entscheidung über einen graduierten Studenten als Mitarbeiter für die Zählung gefallen war. Der »Shackford«, den er zuvor eingestellt hatte, fuhr nach Hause, und an seiner Stelle kam Anfang Juli Michael Burkhart, der Verhaltensforschung studierte, ins Lager.

Campbell setzte seine Arbeit unbeirrt fort; er fotografierte und filmte Fossey und die Gorillas, wann immer es möglich war, was weder eine leichte noch eine angenehme Aufgabe war. Mit Dian zusammen zu sein war einfach sehr schwierig, und er musste lernen, sich ihr anzupassen und sich ihren Methoden zu beugen. Der Auftrag entsprach nicht seinen Erwartungen und drohte gar zu scheitern. Am 23. Mai 1969 schrieb er an Robert Gilka von der National Geographic Society, um ihm seine Besorgnis mitzuteilen:

UNTEN Fossey besprüht eine Kuh mit grüner Farbe, um illegale Rinderhirten abzuschrecken, deren Aktivitäten die Gorillas und andere Tiere gefährdeten.

Ich habe Ihnen schon vor einiger Zeit versprochen zu schreiben und Sie über meine Situation hier oben sozusagen »ins Bild zu setzen«.

Nun – ich richte diesen Brief an Sie persönlich, da er nicht für die Akten und andere Leute bestimmt ist; ich möchte Sie sogar bitten, ihn zu zerreißen, wenn Sie ihn gelesen haben. Wenn Dian Fossey auch nur andeutungsweise erfährt, dass ich jemand anders ihre Gedanken und Sorgen mitgeteilt habe, wäre mein Aufenthalt hier unerträglich.

Zuerst einmal fiel meine Ankunft genau mit dem Höhepunkt der Krise mit den Gorillababys zusammen, die Dian so zu schaffen machte – also der schlechteste Zeitpunkt. In den ersten Tagen beherrschte sie sich noch, hielt dies jedoch nicht lange durch, und ich war der unglückliche Zeuge der gesamten Bandbreite ihrer Gefühle, von heftigen Wutausbrüchen bis zu Weinkrämpfen – was mir, und vielleicht auch ihr, obwohl sie es nicht zeigte, peinlich war. Sie kann schroff und grob sein und dann, ein paar Stunden später, unsagbar nett. Ich

versichere Ihnen, dass ich manchmal jeden Funken Selbstbeherrschung aufbieten musste, um keinen Streit mit ihr zu bekommen … Ich denke, ich werde auch weiterhin die Zähne zusammenbeißen müssen.

Campbell erklärte anschließend, dass Fossey oft pleite war und sich nach der Weigerung der National Geographic Society, ihre Doktorarbeit zu finanzieren, ständig Sorgen wegen des Geldes machte. Zudem wartete sie seit Monaten auf Nachricht, wer die Zählung durchführen sollte – etwas, was so einfach hätte sein können, war nun völlig festgefahren. Außerdem wollte er etwas über Fosseys Persönlichkeit sagen. Seine Beschreibung war eher zurückhaltend.

OBEN Eine Ansammlung konfiszierter Schlingen, Äxte und Waffen der Wilderer und Hirten.

Ich könnte viel über ihren Charakter sagen, wie ich ihn empfinde, widerstehe aber der Versuchung. Es reicht wohl, wenn ich sage, dass ich sie (um es milde auszudrücken) für den ungewöhnlichsten und labilsten Menschen halte, den ich in den letzten Jahren getroffen habe!

Um Ihnen einen besseren Eindruck zu vermitteln, sollte ich vielleicht einige der aktuellen Probleme erwähnen, die Dian beschäftigen. Die Sache mit den gefangenen Gorillas geht ihr ziemlich nahe; sie hat sowohl in Ruanda als auch in internationalen Kreisen für Aufruhr gesorgt. Sie hätte sich beinahe der Amtsbeleidigung schuldig gemacht und konnte ihren Namen nur durch ein persönliches Gespräch mit dem zuständigen Beamten in Kigali [Hauptstadt von Ruanda] *»reinwaschen« – ohne jedoch ihr Hauptziel, den Stopp des Gorillaexports, zu erreichen …*

Ich hatte wegen Dian schon oft Probleme; ob sie dies nun beabsichtigt oder nicht, kann ich nicht beurteilen. Ich dachte, dass sie sich nach der Abreise der Gorillas und Wiederaufnahme der täglichen Routine etwas entspannen würde … aber ich fürchte, sie denkt ständig über alle Schwierigkeiten und Ärgernisse nach und bleibt reserviert – wenn sie auch ein bisschen »aufzutauen« scheint. Wer noch nie in dieser Region war, kann sich die außergewöhnlichen Bedingungen unmöglich vorstellen. Ich glaube, zu viele Menschen erinnern sich an Jane Goodall und die Schimpansen und halten die Bedingungen der beiden Studien für vergleichbar, wo sie doch nicht unterschiedlicher sein könnten. Dian steht unter einer großen körperlichen Belastung – abgesehen von allen anderen Problemen. Die Höhe, das Wetter, Geländegegebenheiten, das Temperament der Gorillas und viele andere Dinge erschweren

NÄCHSTE SEITE Ein Blick auf den Kratersee des Vulkans Visoke. In all den Jahren, die Fossey in den Virungas verbrachte, brachte sie nie die Kraft auf, bis zum Kraterrand zu klettern.

RECHTS Fossey in ihrer ersten Hütte bei der Arbeit an ihren umfangreichen Gorillanotizen.

die Studie in hohem Maße; in den letzten Jahren hat sie viel durchgemacht, und ich kann mir kaum jemanden vorstellen, der den Mumm gehabt hätte, so weiterzumachen wie sie.

Während Campbell auf Urlaub in Nairobi war und überlegte, ob er seinen Berggorillaauftrag fortsetzen solle oder nicht, hörte Fossey, dass Robert Hinde von der Cambridge University endlich eine Organisation gefunden hatte, die bereit war, ihre Doktorarbeit zu finanzieren. Im Juni hatte Fossey mehr zu tun als je zuvor. Die National Geographic Society wollte einen Artikel von ihr über ihre Arbeit veröffentlichen.

Ruanda, 15. Juni 1969

Liebe Mutter, lieber Vater,

ja, ich weiß, dass ich nicht so fleißig war, aber wehe, jemand sagt zu mir: »Du hättest ja wenigstens eine Postkarte schicken können!« Ich hatte eine Woche Zeit, um den Artikel für das N.G. zu schreiben. Zusätzlich zu allem anderen hat mich dies furchtbar ermüdet.

Trampeltier hat mal wieder alles falsch verstanden. N.G. *wollte, dass ich den Einleitungsartikel schreibe und nicht, wie er mir sagte, jemand anders. Er hat 18 Seiten und wird in der Dezemberausgabe veröffentlicht. Sie haben mir einen »vorläufigen Blindband« geschickt mit geplanten Fotos und Bildunterschriften. Eine grauenhafte Lektüre – Gorillas werden als »brutale« Tiere bezeichnet etc. Außerdem sind die Bilder von mir noch bedrohlicher als die von den Gorillas! Ich hoffe nur, dass mein Artikel den falschen Eindrücken widerspricht, die bezüglich der Tiere und meiner Arbeit vermittelt werden …*

Meine »Umgebung« wird drei weitere Tage lang ungestört bleiben, dann treffen der amerikanische und französische Botschafter avec Familien und Attachés ein, und am Tag darauf kommt Trampeltier nach drei Wochen Abwesenheit zurück – die Wiederkehr der Pest!

Liebe Grüße, Dian

Einen Tag vor der geplanten Ankunft der Botschafter entließ Fossey ihr gesamtes Personal, da sie »ihre Einstellungen nicht länger ertragen konnte«. Sie hackte Holz, schleppte Wasser und bereitete das Lager allein vor – trotzdem war der Besuch ein völliger Fehlschlag, den sie ihren Eltern am 23. Juni beschrieb.

Wir konnten einfach keine Gorillas ausfindig machen, da sie wegen des Regenmangels, 4 Wochen ohne einen Tropfen, all ihre Routen geändert haben und die Gipfel aufsuchen, wo es etwas Feuchtigkeit gibt. Es war auch schwierig, Gorillas aufzuspüren, zu kochen, Zelte und Bettzeug herzurichten und gleichzeitig Gastgeberin zu spielen. Wegen des Regenmangels randalieren außerdem die Elefanten und fallen jede Nacht scharenweise ins Lager ein. Der Attaché, der in einem der Zelte einquartiert war, hatte Angst, sodass ich die ganze Nacht von »Dian, hören Sie, was ich höre?«, »Dian, diesmal kommen sie, um alles zu zerstören« wach wurde. Seine Angst war echt, obwohl sie jetzt ziemlich komisch anmutet.

Das Leben im Lager konnte anscheinend nie glatt gehen, aber als Campbell am 20. Juni zurückkam, war er komplett ausgerüstet und somit unabhängig, was Fossey gefiel.

Der Fotograf kam an dem Tag zurück, an dem sie abreisten, und ich muss sagen, dass er mit einer gewissen Unabhängigkeit wiederkam und es fast eine Freude ist, ihn hier zu haben. Er kann jetzt selbst kochen, Lebensmittel bestellen und sich um die Post kümmern und hat sogar die letzten zwei Tage Gorillas für mich gesucht, was ein echter

Service ist. Außerdem hat er mir ein paar Dias geliehen … einige davon sind richtig spektakulär – sie zeigen mich mit den riesigen Männern von Gruppe 8, und ich freue mich sehr, dass ich sie habe. Vielleicht wird dieser Aufenthalt besser …

Muss jetzt Schluss machen. Dank Trampeltier kann ich viel Arbeit aufholen, und der Preis, eine Mahlzeit für ihn fertig zu haben, wenn er vom Feld zurückkommt, ist niedrig. Ich bin doch wirklich ein häuslicher Typ, oder?

Das trockene Wetter hob die Stimmung im Lager, und Fosseys Meinung über Campbell änderte sich zum Positiven: Sie verbrachten 19 Tage hintereinander zusammen im Feld. Sie verhalf ihm zu guten Fotos von sich selbst mit den Gorillas für den geplanten NATIONAL-GEOGRAPHIC-Artikel und ließ ihn auch allein zu den Gorillas. Allmählich schwand Fosseys Reserviertheit, und sie zog Campbell ins Vertrauen. Sie erzählte ihm von ihrer Befürchtung, dass sie nach zweijähriger Forschung George Schallers Arbeit nur wenig Neues hinzufügen konnte. Zudem gestand sie, dass die physischen Bedingungen der Studie eine immense Belastung für ihre Gesundheit darstellten – eine Tatsache, die allen im Lager bekannt war.

Die neue Atmosphäre der Toleranz und Kooperation kam abrupt zum Stillstand, als in der Nacht des 20. Juli das Unglück wieder zuschlug. Campbell hörte im Radio gerade die Livesendung über die Landung der Mondfähre »Eagle«, als Fossey anfing zu schreien und um Hilfe rief. Mit den Tränen kämpfend sagte sie ihm, dass ein kleines Kästchen aus ihrer Hütte gestohlen worden sei; es enthielt Fosseys gesamtes Geld und den Schmuck, den sie von ihrem verstorbenen Vater geerbt hatte. Am nächsten Tag stieg sie den Berg hinab, um den Diebstahl zu melden und Michael Burkhart abzuholen, den Studenten, der die Gorillas zählen sollte. Fossey war deprimiert; ein schlechter Start.

UNTEN Michael Burkhart mit Fossey, dem Landrover Lily und einer Gruppe Einheimischer, die auf Arbeit als Träger hoffen.

Burkharts Zeit in den Virungas erwies sich als totale Katastrophe. Nach einigen Tagen Einführung – hauptsächlich durch Campbell – ins Fährtenlesen, Nesterzählen und in die Beobachtungstechniken wurde er mit Zelt und Ausrüstung auf der anderen Seite des Berges einquartiert. Nach zwei Tagen Unterstützung durch Campbell und Fossey war Burkhart, der an Höhenkrankheit litt,

LINKS Burkhart und Fossey sehen sich in dessen Lager in Ngezi auf der Karisoke gegenüberliegenden Seite des Berges eine Karte an.

auf sich allein gestellt. Fossey kam nach ihrer Ankunft im Kongo zwar trotz minimalen Trainings und fehlender Erfahrung zurecht, doch verfügten nur wenige ihrer Studenten über dieselbe Energie, Hartnäckigkeit und Entschlossenheit. Burkhart war der erste von vielen Forschern, die auf die Bedingungen, unter denen sie arbeiten mussten, völlig unvorbereitet waren.

Am 18. August berichtete Fossey ihren Eltern von ihren eigenen Leiden:

Ich wollte Euch nur wissen lassen, dass ich noch lebe. Habe mir einen mysteriösen Bazillus eingefangen, als ich letztes Mal den Berg verlassen hatte, und da ich richtig krank war, bin ich wütend auf Campbell, der anscheinend glaubt, dass niemand so viele Symptome haben kann, ohne zu simulieren.

Morgen kommt der Ex-Gouverneur vor der Unabhängigkeit von Ruanda-Urundi für mehrere Tage hierher … Campbell hat versucht, eine Gorillagruppe zu verfolgen, um sie ihm zu zeigen, aber bei dem anhaltend trockenen Wetter ist es fast unmöglich, sie zu finden. Eine Gruppe hält

UNTEN Die Wilderer stellten ihre Fallen hauptsächlich auf, um die wunderschönen Ruwenzori-Ducker zu fangen, die auf den Bergen sehr zahlreich waren. Manchmal konnten sie gerettet werden, aber häufig kamen Fossey und ihre Mitarbeiter zu spät. Leider gerieten auch Gorillas gelegentlich in solche Fallen, manchmal mit schrecklichen Folgen.

OBEN Fossey in Burkharts Lager – sie hatte kaum Zeit für den Forschungsstudenten, der mit der Isolation, der schweren Arbeit und dem unangenehmen Klima kämpfte.

sich an den höchstgelegenen Gebirgskämmen in Gipfelnähe auf, was einen Aufstieg von mindestens 3 Stunden bedeutet … Jedenfalls können wir ihm viele Rinder zeigen, da es hier nur so davon wimmelt. Außerdem haben wir die Drahtenden von über 200 Schlingen, die wir letzte Woche auf einem Hügel zerstört haben! Als wir den Fallen folgten, konnten wir drei Ducker, kleine rote Waldantilopen, retten. Abgesehen von dem Schock waren sie unverletzt und verschwanden im Wald, nachdem wir ihr Bein aus der Drahtschlinge befreit hatten. Natürlich musste ich weinen, weil die Szene so brutal war, und natürlich musste Campbell Bilder machen, und ich weiß, dass ich ganz toll ausgesehen habe!

GEGENÜBER Ein Porträt des prächtigen Silberrückens, den Fossey Rafiki nannte, was auf Suaheli »Freund« bedeutet.

Fossey hatte ein wachsames Auge auf »den Bärtigen«, wie sie Michael Burkhart nannte, der täglich Träger mit »merkwürdigen Notizen und Anfragen« zum Hauptlager zurückschickte. Die Träger berichteten ihr, dass er jeden Tag Joints rauchte und in einem wunderschönen Kratersee in der Nähe seines Lagers schwamm. Sie erzählte ihren Eltern, sie habe Angst, dass »er jederzeit aus dem Berg auftaucht …«.

Ruanda, 28. August 1969

Liebe Mutter, lieber Vater,

... Heute ... hatten wir einen ausgezeichneten Kontakt zu meiner Gruppe 8 – ihr habt ein paar neue Bilder von ihr (ja, die Silberfärbung bedeutet, dass es sich um einen Silberrücken oder geschlechtsreifen Mann handelt – in diesem Fall schätze ich Rafiki auf ca. 35, wenn nicht älter) ... Die meisten Gruppenmitglieder kamen sofort zu mir herunter, um bei mir zu fressen. Sie und ich waren alle völlig »entblößt« (bitte keine Witze) ...

Leider fange ich schon wieder an, Trampeltier unerträglich zu finden, aber andererseits fährt er bald weg ... Mittlerweile ist er ein echter Experte für Gorillaverhalten, Fährtenlesen etc., und all das ist etwas schwer zu ertragen. Die meiste Zeit halte ich den Mund und äußere ein englisches »Hmmm« zu allem, was er zu sagen hat, aber wenn er anmaßend wird, sage ich ganz begeistert »wirklich, das ist sehr, sehr interessant«, und dann hält er sofort den Mund. Das eigentliche Problem ist, dass er die meisten meiner Kontakte ruiniert, weil er auf einen Baum [klettern] *will, nur, um Bilder zu bekommen, was wiederum die Gorillas vertreibt und den Kontakt ruiniert ...*

Unterdessen »funktioniert« der »Bärtige« auf der anderen Bergseite noch – jeden Morgen bekomme ich haarsträubende Notizen von ihm, die umgerechnet einen Dollar pro Stück für den Träger kosten, und bis jetzt lautet sein einziger Bericht über Gorillas so: »Ich wäre heute Nachmittag fast auf einen Silberrücken getreten. Er hätte fast gepisst.«

Na, wie macht sich das als wissenschaftliche Tatsache?

... Ich habe begonnen, meinen Gorillagruppen vorzusingen, und sie können anscheinend nicht genug davon bekommen!!! Sie dulden Musicalmelodien wie »Hello Dolly«, aber ihre Lieblingsstücke sind die alten Burl-Ives-Western wie »Cool, Clear Water«!

Glaube, dass ich schon zu lange hier bin!

Viele liebe Grüße,
Dian

Campbell verließ Karisoke für einen Kurzurlaub in Nairobi. Nach seiner Rückkehr wurde beschlossen, dass Burkharts Arbeit gestoppt werden sollte, anstatt noch mehr Zeit und Geld für dessen Zählung zu verschwenden. Fossey und Campbell teilten Burkhart mit, dass er nicht länger gebraucht wurde, und fuhren ihn nach Gisenyi, von wo aus er die Heimreise antreten konnte. In der Stadt stellte Fossey Campbell ihren engen Freundinnen Rosamond

Carr und Alyette De Munck vor. Campbell war überrascht über Fosseys Verwandlung, wenn sie »vom Berg herunter« war; außerhalb des Lagers legte sie großen Wert auf ihr Äußeres, war geschminkt und trug elegante Kleidung. Campbell hielt Fossey inzwischen für einen faszinierenden Menschen und genoss ihre Gesellschaft.

Die beiden kamen sich immer näher, wie Campbell in seinem Buch *The Taming of the Gorillas* schreibt: »Ich war unabsichtlich in eine heikle und unvorhergesehene Affäre verwickelt, die meine Gefühle spaltete. Ich war glücklich verheiratet und liebte meine Frau, musste aber nichtsdestotrotz zugeben, dass mir Dians jetzt unverhohlenes Interesse an mir schmeichelte.«

OBEN Das National Geographic vom Januar 1970, auf der Titelseite Campbells Foto von Fossey mit Coco und Pucker. Die Ausgabe enthielt Fosseys Artikel über ihre Arbeit mit den Gorillas.

Die National Geographic Society zahlte Fossey 2 500 Dollar für ihren Artikel, der im Januar 1970 veröffentlicht werden sollte. Ende September begann Fossey daran zu zweifeln, ob das Geld den damit verbundenen Aufwand lohnte, da jede Postlieferung weitere »lächerliche Fragen« der National-Geographic-Mitarbeiter enthielt. Sie schrieb ihren Eltern:

Ich habe das neue Layout der Bilder bekommen und weiß, dass ihr mich am liebsten verstoßen würdet, wenn ihr es sehen könntet. Auf dem ersten Bild … krummer Rücken, eingefallener Brustkorb, schwarze Augenringe, Haare in alle Richtungen, etwa 2 065 Falten im Gesicht; Alan [Root] *hat es gemacht, bevor ich letztes Jahr nach Hause gefahren bin, obwohl es so aussieht, als würde das Exemplar auf dem Bild kaum den nächsten Tag erleben … Seite 60: Erst könnte man denken, es sei Jacqueline Kennedy, die eines der Gorillababys hält, aber auf den zweiten Blick weiß man, dass es ihre Großmutter sein muss – niemand sonst könnte so viele Falten um die Augen haben und trotzdem noch etwas sehen … S. 64: Ein wunderschönes Bild, das Trampeltier gemacht hat, als ich die Babys am Nachmittag auf ihren Spaziergang schleppte. Er hat wirklich einen Blick für distanzierte, ruhige Bilder.*

UNTEN Auf ihrer Reise nach Nairobi wohnte Fossey bei Leakey (hier mit seinem Sohn Richard). Leakey verliebte sich in Dian, die so viel Mut und Leidenschaft für die Aufgabe an den Tag legte, mit der er sie betraut hatte.

Fossey fühlte sich krank und blieb, voll gepumpt mit Antibiotika, immer häufiger im Lager. Sie plante für Oktober 1969 einen Besuch in Nairobi, um Einkäufe zu erledigen und zum Arzt und Zahnarzt zu gehen.

Dr. Leakey besteht darauf, dass ich diesmal bei ihm wohne, obwohl ich viel lieber im New Stanley (jetzt Hilton) wohnen würde, aber vielleicht wirft er mich nach zehn Minuten ja auch in hohem Bogen hinaus.

Leakey warf Fossey nicht hinaus – er hieß sie bei sich zu Hause willkommen und nahm sie sogar mit zu einer Safari. Als Fossey nach Ruanda zurückflog, war sie erholt und guter Dinge, ließ jedoch einen ziemlich vernarrten Mann zurück.

Fossey schrieb ihren Eltern aus Nairobi, nachdem sie »total verwöhnt« worden war. Sie hatte sich auch neue Kleidung gekauft; wann immer sie konnte, kaufte sie teure Designerkleider, in denen sie eine große Wirkung erzielte. Bei dieser Gelegenheit war Leakey besonders beeindruckt.

Dr. Leakey behauptet, er würde meinen gestohlenen Ring durch einen echten Rubin ersetzen, aber liebe Mädchen nehmen solche Dinge nicht an, oder? Er brachte mir den Stein zur Beurteilung, und ich muss sagen, ich habe noch nie etwas Schöneres gesehen – er war achteckig geschliffen, wobei jede Seite in der Sonne eine andere Farbe reflektierte und funkelnde Strahlen aussandte. Es war schwierig abzulehnen, aber ich habe es getan, obwohl ich alles andere als sicher bin, dass er mit meiner Entscheidung einverstanden ist.

Kurz vor ihrer Reise nach Nairobi hatte Fossey erfahren, dass Campbells Foto von ihr mit den Gorillababys Coco und Pucker auf der Titelseite des NATIONAL GEOGRAPHIC erscheinen sollte. Sie war begeistert. Außerdem sollte sie die Hauptfigur einer Fernsehsendung sein, also kaufte sie sich in Nairobi noch mehr Haartönung, um die grauen Haare zu überdecken, die das Rotbraun durchzogen. Fosseys Artikel erschien neben Campbells Bildern von ihr bei den Gorillas und zu Hause im Lager. Ihr Artikel erklärte, wie sie dazu gekommen war, die Gorillas zu studieren, und beschrieb ausführlich, wie sie die Affen allmählich an ihre Anwesenheit gewöhnte und mit Vertrautheit belohnt wurde. Noch wichtiger war allerdings, dass der Artikel das liebenswerte, sanfte und menschenähnliche Verhalten dieser außergewöhnlichen Wesen hervorhob.

Vielleicht habe ich Uncle Bert etwas voreilig einen mürrischen alten Bock genannt. Eines Tages, am Ende ihrer Ruhepause, näherte sich ihm ein Baby und lehnte sich an seinen Rücken. Ich habe das Unglück für das Baby schon kommen sehen, aber Uncle Bert überraschte mich. Er pflückte eine langstielige Strohblume und kitzelte das Baby damit. Schon bald schoss es hin und her wie ein Welpe, und Uncle Bert lag am Hang, die Kitzelrute in der Hand und ein höchst idiotisches Grinsen im Gesicht.

Fossey beendete ihren Artikel mit einer Bemerkung über die völlig übertriebene Darstellung der Brutalität der Gorillas gegenüber Menschen.

Die Gorillas gehören zu den verrufensten Tieren der Welt. Nach über 2 000 Stunden direkter Beobachtung kann ich nur berichten, dass sie nicht einmal fünf Minuten lang annähernd »aggressives« Verhalten gezeigt haben … Natürlich versucht ein Tier sich zu schützen, und es gibt zahlreiche belegte Fälle, in denen Gorillas Menschen angriffen, wenn sie von ihnen gejagt wurden. Und dann gibt es noch die Geschichten von den »furchtlosen weißen Jägern«, die sich dem Angriffsgebrüll des haarigen Affenmenschen mit den weißen Fängen »mutig« gestellt haben. Aber diese Bilder entsprechen nicht dem introvertierten, friedlichen Vegetarier, den ich kennen gelernt habe.

Während Fosseys Urlaub in Nairobi wurden die Vorbereitungen für ihren Aufenthalt in Cambridge getroffen. Sie sollte am 13. Januar 1970 in Cambridge eintreffen und dort bei Freunden von Leakey wohnen. Bis März würde sie an der Universität arbeiten, dann nach Ruanda zurückkehren, im Oktober wieder nach Cambridge fliegen und bis Mai 1971 bleiben.

Ruanda, 7. November 1969

Liebe Mutter, lieber Vater,

euer Jubelbrief kam vor etwa einer Stunde und hat mich so glücklich gemacht. Zu Playboy *– es gibt auf der ganzen Welt nicht so viel Schaumgummi, um mich covertauglich zu machen!*

Die Stelle »Mutter spricht« über den Rubin hat mir sehr gut gefallen, aber ehrlich gesagt ist er ein sehr anspruchsvoller Mann, oder besser gesagt, alter Mann. Er hat in den letzten drei Wochen sechsmal geschrieben – ist fest entschlossen, hierher zu fliegen, und besteht darauf, dass ich im Dezember nach Nairobi komme, damit wir zusammen eine

Safari nach Tsavo, ein Wildpark im Süden von Kenia, machen können. Ich glaube, er wird senil, und gleichzeitig überlege ich, ihn um ein paar Diamanten zu bitten.

Meine schönen Kleider sind hier, verpackt in Plastiktüten für Cambridge, aber ich glaube, dass es kühl ist, wenn ich dort ankomme … Fürchte mich vor der Abreise, denn das Leben und die Umgebung hier passen zu mir, aber natürlich kann man ein solches Paradies nicht immer haben. Alles ist jetzt hektisch – Trampeltier, mit dem ich mich ganz gut verstehe, verlangt rund um die Uhr Fotos und Filme, und natürlich dränge ich auf Beobachtungen, Bilder, Kotspülungen und das Sammeln von Pflanzen, als ob die Welt morgen unterginge.

Liebe Grüße
Dian

Anfang November wurde Fossey von einem streunenden Hund gebissen, der ins Lager kam. Überzeugt, dass sie keine Tollwut bekommen würde, obwohl diese in den Virungas häufig vorkam, ließ sie den Impstoff, der von Leakey geschickt wurde, unbenutzt und brach zu einem Ausflug zu ihrem alten Lager auf der Kabara-Wiese im Kongo auf.

In Kabara entdeckte Fossey, dass sich Rinder frei im Gorillagebiet bewegten und der Waldboden von Fallen übersät war. Und die wenigen Gorillas, die zu sehen waren, hatten Angst. Fosseys alte Hütte war niedergebrannt worden, sodass die Träger, Fährtenleser, Fossey und Campbell sich aus einem Zelt und Planen ein notdürftiges Lager bauen mussten.

Nach der Rückkehr von ihrem Ausflug bekam Fossey hohes Fieber – ein Tollwutsymptom – und musste ins Krankenhaus von Ruhengeri eingeliefert werden. Dort begann man mit der Tollwutbehandlung, zu der zwei Wochen lang täglich eine Spritze gehörte. Stur wie immer, weigerte sich Fossey, im Krankenhaus zu bleiben, und Rosamond Carr war damit einverstanden, sie bei sich zu Hause zu pflegen. In den nächsten elf Tagen musste einer von Carrs Angestellten Fossey täglich 74 Kilometer zum Krankenhaus fahren, damit sie ihre Spritzen bekommen konnte. Carr bemerkte später dazu, dass »Dian sich zwar schließlich von dem Hundebiss erholte, ihr die Übererregbarkeit – ein weiteres Tollwutsymptom – aber nach wie vor zu schaffen machte«.

Während Fossey sich von der Tollwutbehandlung erholte und auf ihre Reise nach England vorbereitete, hörte sie schreckliche Neuigkeiten: Die ruandische Regierung plante,

UNTEN Rosamond Carrs Haus und Garten in Mugongo, wo Fossey während ihrer Tollwutbehandlung wohnte.

OBEN Fossey mit Peanuts aus Gruppe 8, kurz bevor er die Hand ausstreckte und ihre Hand berührte.

über 40 000 Hektar des Parc des Volcans einheimischen Bauern zu überlassen. Durch die drohende Abholzung würde den Gorillas noch mehr kostbarer Lebensraum verloren gehen.

An ihrem letzten Tag im Lager nahmen Fossey und Campbell Kontakt zu Gruppe 8 auf, und einer von Fosseys Lieblingsgorillas, das junge, erwachsene Männchen Peanuts, näherte sich ihr. Fossey ahmte eine entspannte Gorillakörperhaltung nach: kauen, kratzen und auf dem Bauch liegen. Sie streckte den Arm in seine Richtung aus und legte ihre Hand mit der Handfläche nach oben auf ein paar Blätter. Was dann geschah, beschrieb sie so: »Nachdem er sich meine Hand genau angesehen hatte, stand Peanuts auf und streckte seine Hand aus, um für einen kurzen Moment meine Finger mit seinen zu berühren«.

Außer sich vor Freude stand Peanuts danach auf und schlug sich auf die Brust, bevor er sich dem Rest der Gruppe anschloss. Für Fossey war dies einer der kostbarsten Momente, der ihr in der unglücklichen Zeit in Cambridge zweifellos als tröstliche Erinnerung diente.

Cambridge und zurück

GEGENÜBER Fosseys Aufnahmen von Gorillalauten in den Virungas bildeten einen wichtigen Bestandteil ihrer Forschung in Cambridge.

In Cambridge war Fossey hocherfreut, als sie feststellte, dass ihre Forschungsarbeit anerkannt und gelobt wurde – was ihr Heimweh jedoch nicht verringerte. Sie vermisste das Lager, die Gorillas und Campbell. Dieser erste Aufenthalt in Cambridge war bis Mitte März geplant. Campbell kümmerte sich inzwischen um Karisoke.

Cambridge, 24. Januar 1970

Liebe Mutter, lieber Vater

... Um die letzten 13 Tage an diesem nebligen, skurrilen, versteinerten Ort zusammenzufassen – habe die erste Woche in einem schönen Hotel gewohnt, in dem es gutes europäisches Essen gab, das [ich] *genüsslich zu mir nahm. Letzten Montag zog ich für drei Tage in ein Gästezimmer in meinem College und hatte ein fantastisches Zimmer über einem kleinen Fluss, war jedoch nie längere Zeit dort. Hatte dort drei Mahlzeiten, von denen zwei »formell« waren, d. h., man muss den Talar bzw. die Robe des Colleges tragen.*

Da ich in den letzten drei Jahren in Afrika und auch vorher keinen Talar des San José State mitgeschleppt habe, ging ich am ersten Abend quasi nackt und wurde mit Verachtung gestraft, bis ich mit den Leuten redete, die sich alle als wundervoll erwiesen ... Könnt ihr glauben, dass die Studenten ERST *vor drei Jahren die Erlaubnis bekamen, sich ohne Talar in der Stadt aufzuhalten ... Ich werde gar nicht damit fertig, aber ohnehin fühlt man sich bei dem gesamten Lebensstil hier um mindestens hundert Jahre zurückversetzt ...*

... Mein Büro in Madingley [Madingley Forschungslabor] *ist gut ausgestattet, und ich sollte eigentlich 7 Tage pro Woche von frühmorgens bis nachts Daten verarbeiten, um mit den anderen Forscher-»Kollegen« Schritt zu halten, kann mich aber noch nicht an diesen Zeitplan gewöhnen. Habe gelernt, wie man den Sonografen bedient, der die Frequenz und Lautstärke meiner Tonbandaufnahmen grafisch darstellt. So etwas ist mit Gorillalauten bisher noch nie gemacht worden. Lerne auch, mit einem einfachen Computer umzugehen. Verbringe die restliche Zeit mit der Auswertung von Forschungsdaten für Referate zu bestimmten Themen und mit dem Lesen umfangreicher Materialien zur Verhaltensforschung.*

Es ist eine seltsame Übergangsphase, vor allem, weil ich jetzt als Pionierin und Expertin auf dem Gebiet der Feldforschung über Affen gelte (habe dies heute bei einem Primatentreffen in London festgestellt), mir aber gleichzeitig das Fachvokabular fehlt. Es ist aber schon komisch; die Hälfte der Zeit verstehe ich nicht, über was die Leute reden, wenn sie ein ernsthaftes Gespräch mit mir beginnen, und wenn ich mich in meiner Antwort dann ganz einfach ausdrücke, zücken sie ihre Notizbücher. Verstehe das nicht. Muss aufhören. Schreibt, wenn Ihr könnt – erstaunlich, wie schnell die Post in der Zivilsation ist.

Liebe Grüße, Dian

Fosseys Forschungsstation in den Virungas war jetzt als ständige Studieneinrichtung etabliert. Eine Primatenforschungsstiftung unterstützte Fosseys Cambridge-Aufenthalt mit einem kleinen Stipendium, und die National Geographic Society zahlte für den Betrieb von Karisoke. Durch die Aufbesserung ihres niedrigen Einkommens mit dem Honorar für ihren NATIONAL-GEOGRAPHIC-Artikel konnte Fossey sich einen etwas höheren Lebensstandard leisten als die meisten anderen Studenten.

Als sie an der Universität war, suchte Fossey jemanden, der sich Ende August oder im September um das Lager kümmern würde; sie hoffte, für einen Monat in die USA reisen zu können, bevor sie zum Herbst- und Frühjahrstrimester nach Cambridge zurückkehrte. Ihr Tutor Robert Hinde vermittelte den Kontakt zu Alan Goodall (nicht mit Jane Goodall verwandt), einem Doktoranden der Liverpool University, der auf der Suche nach einem Forschungsprojekt als Grundlage für seine Dissertation in Verhaltensforschung war. Fossey mochte Goodall sofort und hatte das Gefühl, in diesem reifen, intelligenten Mann den perfekten Assistenten für Karisoke gefunden zu haben.

Am 6. Februar schrieb sie ihren Eltern:

Vor ca. drei Tagen habe ich einen schönen, langen Brief an euch beide getippt, der aber so voller Selbstmitleid war, dass ich ihn zerrissen habe und neu anfange.

Ich fühle mich etwas gestärkt, da ich nämlich die echten Engländer entdeckt habe. 1) Hasse England in Bezug auf Kälte, Hässlichkeit, Menschenmassen. 2) Sie verstehen ihr eigenes Währungssystem nicht – d. h., wenn man eine Schachtel Zigaretten kauft, können sie zwar sofort den Preis für eine Schachtel nennen, wenn man aber eine Stange kauft, müssen sie in den nächsten Laden rennen, der eine Registrierkasse hat, um die »Thruppences« [Dreipencemünzen] *richtig zu addieren …*

... Habe einen perfekten Ersatz für das Lager gefunden, der im Juli zur Ausbildung kommt. So jemanden zu finden war das Hauptanliegen meiner Reise hierher.

Leakey war gerade in London, um sich von einem Herzinfarkt zu erholen. Er lernte Goodall kennen, prüfte ihn auf Herz und Nieren und war mit ihm einverstanden. Sie beschlossen, dass Goodall Ende Juli ins Lager kommen und seine Frau Margaret später nachkommen würde. So sollte Fossey im August in die USA reisen und dann im Herbst- und Wintertrimester ihre Doktorarbeit in Cambridge fortsetzen können.

In Fosseys nächstem Brief an ihre Eltern konnte sie ihre Aufregung nicht verbergen – sie hatte von der National Geographic Society eine Nachricht bezüglich der nächsten Titelseite für ihre Zeitschrift erhalten.

N.G. hat mir gerade Dias von Peanuts geschickt, auf denen er an dem Tag, als er meine Hand berührt hat, neben mir sitzt, und sie sind wirklich spektakulär – mir wurde mitgeteilt, dass dies die nächste Titelseite werden würde! Das will ich aber stark hoffen!

Am 18. März kehrte Fossey nach Ruanda zurück. Campbell holte sie in Gisenyi ab, und am nächsten Tag stiegen die beiden den Berg hinauf zum Lager. Es dauerte drei Wochen, bis Fossey Kontakt zu Peanuts und Gruppe 8 aufnehmen konnte – diesmal war Peanuts nicht so freundlich. Später schrieb Fossey ihren Eltern und berichtete über den aggressiven Empfang, den er ihr bereitet hatte.

Nein, meine Gorillafreunde waren durch ihre Publicity nicht verdorben. Sie griffen mich am ersten Tag, als ich sie traf, nur en masse wieder an. Und das von Gruppe 8! Bob war in sicherer Entfernung hinter der Filmkamera und behauptet, er habe durch die Kamera nur gesehen, dass sich

UNTEN Beethoven und Bartok aus Gruppe 5 spähen neugierig durch das Laubwerk. In ihrem NATIONAL-GEOGRAPHIC-Artikel schrieb Fossey, dass die beiden Silberrücken eine besonders enge Beziehung zu den anderen Gruppenmitgliedern hatten.

OBEN Eine seltene Aufnahme eines angreifenden Gorillas, hier Bartok aus Gruppe 5.

das Gebüsch bewegte! Natürlich wusste er wegen des Röhrens und Kreischens der Gruppe, dass ich angegriffen wurde, aber er stand einfach nur da und knipste.

Trotz Fosseys Beschwerden arbeiteten sie und Campbell sehr gut zusammen. Zudem kristallisierte sich das Muster ihrer emotionalen Beziehung heraus – beide genossen zwar ihre Affäre in den Nebelschwaden des Visoke, doch war klar, dass es nichts Ernsthaftes war. Fossey wusste, dass Campbell seine Frau Heather liebte und sie nicht verlassen wollte. Vorläufig waren beide mit dieser Abmachung zufrieden.

Und es gab genug anderes zu tun: Während Fosseys Aufenthalt in Cambridge hatte Campbell Wilderer und Rinderhirten aus dem Forschungsgebiet fern gehalten, und diese Arbeit musste fortgesetzt werden. Wenn sie nicht bei den Gorillas waren, jagten sie Tutsi-Rinder zurück an die Grenzen des Parc des Volcans und zerschnitten Schlingen. Dies und das schlechte Wetter hatten zur Folge, dass die Kontakte zu den Gorillas erschwert wurden. Zwischen dem 19. März und dem 14. April konnte Fossey nur acht Tage im Feld verbringen. Mitte April fuhr Campbell heim nach Nairobi – und zu seiner Frau.

UNTEN Fossey und ihr Assistent Vatiri sammeln die Schlingen aus den Fallen der Wilderer ein. Fossey gab strenge Anweisungen, während ihrer Abwesenheit in Cambridge die Patrouillen gegen die Wilderer fortzusetzen.

IM APRIL erweiterte Fossey ihr Forschungsgebiet und schlug ein provisorisches Lager auf, damit Alyette De Munck von dort aus die Gorillapopulation an den Nordwesthängen des Visoke zählen konnte. Am 22. April schrieb Dian Campbell einen Brief, der voller Neuigkeiten steckte:

Okay, du kannst ruhig lachen, aber vielleicht, nur vielleicht, wäre es auch passiert, wenn du hier gewesen wärst. Wir sind gestern um 10.30 Uhr mit Alyettes »leicht beladenen« Trägern (im Ganzen 17) aufgebrochen, um ihr Lager auf der anderen Seite der Leopardenschlucht aufzuschlagen, und weißt du, wo wir am selben Nachmittag um 16.30 Uhr gelandet sind – in Burkharts altem Lager! Nein, ich habe mich nicht verlaufen. Wir konnten einfach nur kein Wasser finden. Kannst du das glauben??? Ich wollte ja schon immer mal um den Berg herum laufen, aber nicht in Gesellschaft von 17 Trägern. Dafür hat der Marsch den alten Knochen anscheinend gut getan, da Vatiri und ich heute morgen nur 2 1/2 Stunden gebraucht haben, um von Ngezi zum Lager zurückzulaufen.

De Munck war von der Umgebung begeistert und stellte ihr Zelt am Seeufer mit Blick auf den Berg auf. Fossey beschrieb es als »spektakuläre Umgebung« und stellte mit Genugtuung fest, dass keine Rinder in der

LINKS Aufgrund der Wetterbedingungen war die Gorillabeobachtung oft schwierig und definitiv ungemütlich, doch trotz ihrer schlechten gesundheitlichen Verfassung ließ sich Fossey nur selten davon abhalten.

Gegend waren und es viele Anhaltspunkte für Gorillas in der Nähe gab. De Munck plante, drei oder vier Wochen lang immer mehrere Tage hintereinander in ihrem Lager zu bleiben. Nemeye, einer von Fosseys Fährtenlesern, half ihr, zusammen mit drei anderen Männern.

Ich war auf frustrierende Weise ziemlich aufgeregt, 20 bis 45 Minuten unterhalb der Leopardenschlucht massenweise Gorillaspuren – alte und ganz frische – zu finden. Hier wimmelt es nur so von Gorillas, sowohl in der Senke als auch an den Hängen. Zugegeben, und vor allem angesichts der Laute, die wir vor ca. 11 Tagen gehört haben, könnten viele der Spuren von Gruppe 9 bzw. Gruppe 9 und 8 stammen, aber trotzdem ist das Berggelände in dieser Gegend ein fantastisches Gorillagebiet, also gibt es vielleicht auch noch andere Gruppen …

Ich versichere dir, dass ich meine Karten sehr wichtigtuerisch in einem meiner braunen Hefter bei mir hatte und sie oft überschwänglich herausnahm und mit großem Know-how auf Berg- und Kratermarkierungen hinwies … Als wir endlich in Ngezi ankamen … war ich in großer Versuchung, den ganzen verdammten Berg von Karten und Heftern in den See zu werfen. Was für eine Tour! Die Träger haben furchtbar nett reagiert – selbst die mit den Kartoffelsäcken und Zelten haben uns applaudiert, nachdem wir Ngezi endlich gefunden hatten. Ich wette, dass sie das nächste Mal, wenn sie Mlle mit dem braunen Hefter in der Hand aufbrechen sehen, in die entgegengesetzte Richtung rennen, und zwar schnell.

OBEN Fossey zündet für einen langen Abend eine Kerosinlampe an, um ihre Forschungsnotizen abzutippen.

Wieder in Karisoke, hielt das schlechte Wetter an, was sich im Nachhinein als Segen erwies, da Fossey viel von ihrer endlosen Schreibarbeit aufholen konnte.

Es ist mir nicht peinlich zu sagen, dass ich die Tage mit der Reinschrift des CENSUS WORKERS MANUAL [Handbuch für Zählbeauftragte] *(so viel Arbeit verlangt nach* GROSSBUCHSTABEN*) verbracht und die Auswertung der Schaubilder und die Querverweise der … Visoke-Notizen beendet habe. Jetzt muss ich nur noch das Kabara-Material auswerten. Das Wetter war scheußlich, mit heftigem Regen und/oder Nebel den ganzen Tag, bis vorgestern, als es leicht aufklarte. Während ich grantig war und getippt habe, haben die Männer die Zeit genutzt,*

UNTEN De Munck und Fossey beaufsichtigen den Aushub für das Fundament einer neuen Hütte in Karisoke für einen neuen Forschungsstudenten.

OBEN Fosseys beste Freunde im Lager – ihr Hund Cindy und ihr Affe Kima.

das Fundament des neuen Hauses fertig zu stellen, Gräben auszuheben und Holz zuzuschneiden.

Außerdem verlor Fosseys Hausaffe, die Meerkatze Kima, ihre Puppe und wurde »unerträglich«. Fossey schrieb Campbell:

Ich war in Versuchung, dir ein Telegramm zu schicken und dich zu bitten: Sende mir BITTE SOFORT *ein anderes »Toto«* [Kind/Baby] *für Kima. Ihres ist verschwunden … Jetzt müssen wir alle für den Verlust büßen … Ich habe den Nachmittag des Tages, an dem du gefahren bist, damit verbracht, aus einer alten Socke ein »neues Toto« zu nähen. Das Ergebnis dieser beachtlichen Kreativität (es ähnelt ein bisschen einem Affen) hat ihr in der ersten Woche fürchterliche Angst eingejagt; jetzt nimmt sie es zwar zögernd, stolpert aber ständig über den Schwanz, die Beine und andere »realistische« Anhängsel. Bitte lach nicht, sondern* SENDE BITTE PER LUFTPOST *ein anderes Toto wie das erste, mit Glöckchen an den Ohren, damit es nicht wieder verloren geht. Ich meine es ernst.*

Fossey beendete ihren Brief, wie so oft, mit einer Einkaufsliste:

Ein großes Paket Schreibmaschinenpapier … Pauspapier … fünf Pfund Popcorn … etwas zum Kauen für Cindy wäre nett … und wenn du Platz im Auto hast … ein Dutzend Shandies [Radler, d. Ü.]. *Gestern habe ich zwei von deinen geklaut, um sie für Alyette und mich in den Rucksack zu packen … Endlich in Ngezi, öffnete ich sie und habe alles um mich herum vergessen. Sie sind so erfrischend und zehnmal besser als Bier oder Wein.*

Während Campbells Abwesenheit litt Fossey zum ersten Mal »ein klitzekleines bisschen an Einsamkeit«. Sie hatte erwartet, das vierwöchige Alleinsein zu genießen, bevor Robert

Hinde von der Cambridge University zu Besuch kam, und war überrascht, dass sie Campbells Gesellschaft vermisste. Das Wetter, das nach wie vor nass und neblig war, verstärkte ihre Niedergeschlagenheit. Sie fühlte sich jedoch fitter als die ganze Zeit zuvor, wie sie ihren Eltern erklärte:

Ich erfreue mich hier trotz der vergleichsweise kärglichen Ernährung bester Gesundheit. Ich glaube, dass dies zum Großteil am Rauchen liegt, dem ich auf dem Berg nicht besonders viel fröne, und außerdem an der frischen Luft und der Bewegung. Es ist schön, mich wieder fit zu fühlen. In Cambridge dachte ich eine Zeit lang, ich würde bald in der Holzkiste landen …

Ein Grund, warum ich zurzeit nachts nichts erledigen kann, sind die Elefanten. Sie kommen bei Vollmond scharenweise, um bei der Hütte zu spielen. Sie sind schwer zu ignorieren!

UNTEN Fossey schrieb zwar, dass Elefanten häufige Besucher im Lager waren, doch war dies eine Übertreibung. Die scheuen Tiere waren in Karisoke nur selten zu sehen; Campbell gelang es, diesen Elefanten tief in den Nesseln zu fotografieren.

Fosseys Beschreibung der nachts umherziehenden Elefanten war, so glaubt Campbell, eine weitere »kleine Fossey-Fantasie, geschrieben, um ihre Eltern zu beeindrucken«.

Fossey beobachtete Gruppe 4, wann immer es möglich war, meist mit Vatiri, einem der ruandischen Fährtenleser, der in Karisoke arbeitete. Die Familie wurde von Uncle Bert angeführt, einem jungen Silberrücken, der Fossey an einen ihrer Lieblingsverwandten erinnerte und deshalb nach ihm benannt wurde. Der echte Onkel Bert fasste dies nicht als das Kompliment auf, als das es gemeint war, und verzieh Fossey nie ganz.

Bravado, eines der jungen Weibchen von Gruppe 4, war ungewöhnlich draufgängerisch – daher ihr Name. Als Fossey Campbell folgende Nachricht schrieb, hielt sie Bravado noch für ein junges Männchen.

Wollte dir nur kurz mitteilen, dass Bravado dich vermisst. Er kam heute auf einen Baum, auf dem ich war, ging an mir vorbei, als ob ich nicht da wäre, und erreichte die Krone, um nach dir Ausschau zu halten und zu essen. Zehn Minuten später kam er auf dem Weg zurück direkt zu mir und stieß mich an beiden Schultern an, als ob er sagen wollte: »Los, geh mir aus dem Weg«. Als ich mich nicht rührte, musste er an der Seite hinunterklettern, wobei er einen großen Ast abbrach, was Uncle Bert zu großem Geschrei veranlasste …

Ich gebe zu, dass ich die Kamera nicht besonders ruhig halte! Möchte jemand Bilder von schwarzen, verschwommenen Gorillanasen? Dieser kleine Schlingel hat vor nichts Angst – er hat die Gruppe ca. 20 Meter hinter sich gelassen, nur um nach dir zu suchen. Stattdessen fand er Vatiri, der im Gebüsch kauerte und versuchte sich zu verstecken – seine Enttäuschung war schon komisch!

Dian konnte in dieser Zeit einige lohnende Kontakte mit den Gorillas knüpfen, allerdings setzten ihr Wilderer und Viehhirten, die in das Forschungsgebiet rund um das Lager herum eindrangen, sehr zu. Als sie eines Abends im Mai ins Lager zurückkam, sah sie sich gezwungen, zu einer extremen Maßnahme zu greifen. Als Erklärung schrieb sie an Campbell:

GEGENÜBER Der Silberrücken-Anführer von Gruppe 4, Uncle Bert, den Fossey nach ihrem Lieblingsonkel benannte – sehr zu dessen Missfallen.

UNTEN Fossey und Munya vertreiben eine illegale Viehherde von der Wiese bei Karisoke.

LINKS Munya beim Vertreiben der Rinder. Das ständige illegale Eindringen von Tutsi-Rinder in den Wald zwischen Visoke und Karisimbi störte die Gorillagruppen und war Fossey ein ständiger Dorn im Auge.

Ein armer Büffel hatte sich in der Nähe des Lagers in einem großen Koso[baum] *verfangen, und irgendjemand, nicht aus dem Lager, war vor ein paar Tagen gekommen und hatte ihm beide Hinterbeine abgeschnitten. Wie der Arme so lange diese Qualen ertrug, geht über meinen Verstand, aber er war immer noch bereit, für den letzten Rest seines Lebens zu kämpfen. Ich fand es furchtbar, ihn töten zu müssen und bin in echter Fossey-Manier zusammengebrochen, als ich ihm die Pistole an den Kopf hielt. Ich werde diese Augen nie vergessen. Dann ließ ich meinen Zorn an den Männern aus, die heute sehr unterwürfig sind, was aber wohl daran liegt, dass ihnen fast der Bauch platzt.*

Sie meinten, dass es wahrscheinlich die Tutsi waren, die das Fleisch verkaufen wollten. Und da ich in letzter Zeit tatsächlich keine Spuren von Wilderern gesehen hatte und sich unterhalb des Lagers eine Rinderherde befand, gab ich die Gorillasuche für heute auf und suchte stattdessen Tutsi. Wir sahen von weitem 3, und ich feuerte ein Magazin auf sie ab.

Wir folgten ihren Spuren … hinter einem Baum in der Nähe fand [ich] *ein kleines Tutsi-Toto* [Kind], *also entführte* [ich] *den Jungen und sagte, ich würde ihn gegen einen Speer eintauschen. Wir waren mit dem kleinen, schmutzigen Ding gerade ins Lager zurückgekehrt, als ausgerechnet Mutarutkwa auftauchte und aus großer Entfernung »grüßte« – es war sein Balg, und er hatte keinen Speer, weil du ihn bereits gestohlen hast! Natürlich gab ich ihm den Balg zurück … Wir erzählten ihnen, du würdest jeden Tag in deinem Zelt sitzen und darauf warten, sie umzubringen …*

Muss jetzt aufhören – ich versuche, »luftgetrocknetes Fleisch« zu machen, da ein ganzer Büffel für vier Männer und einen Hund etwas viel ist. Hoffe, zu Hause ist alles in Ordnung.

Mutarutkwa war ein einflussreicher Watutsi-Hirte. Es waren seine Rinder, die Fossey beschlagnahmt – und zu töten gedroht – hatte, als ihr Hund Cindy entführt wurde. Mit der Zeit entwickelten Fossey und Mutarutkwa Respekt füreinander, und schließlich rettete der Ruander nicht nur gefangene Tiere aus den Fallen im Wald und brachte sie Fossey zur Behandlung, sondern schloss sich sogar der Patrouille gegen Wilderer an.

Das Leiden des Büffels hatte Fossey sehr mitgenommen. Jedes Mal, wenn sie Zeugin von Tierquälerei wurde, griff sie zur Waffe und verstand es immer weniger, mit ihrem Schmerz umzugehen. Ohne Campbells beruhigenden Einfluss reagierte sie mit Wut und Gewalt. Als sie ihm im Mai schrieb, bat sie ihn, ihr mehr Munition zu schicken.

Ich habe auf Kühe geschossen, um den armen Büffel zu rächen, und wie verrückt Kugeln verbraucht … Knallkörper taugen nichts, um Rinder zu verletzen und verkrüppeln.

Mit Gruppe 8 gab es endlich Kontakt, trotz des anhaltenden neblig-feuchten Wetters:

Endlich [wurde] *Gruppe 8 gefunden, verdammt weit weg in der Nähe eines der kleinen Krater auf der anderen Seite des Berges; Gruppe 9 ist auf dieser Seite der Schlucht und Gruppe 4 über die ganze Senke verteilt.*

UNTEN Tutsi-Hirte Mutarutkwa mit Fossey. Die beiden verstanden sich zu Anfang überhaupt nicht. Über die Jahre entwickelten sie aber Respekt füreinander, und der Hirte half Fossey schließlich bei ihren Patrouillen gegen die Wilderer.

Ich glaube, sie sind alle verrückt geworden! Kein Zeichen von Gruppe 5. Alyette liefert gute Notizen – wenn sie sich konzentriert. Ich bin hochzufrieden mit ihren Ergebnissen, obwohl in den Notizen der letzten Woche, die sie heute geschickt hat – ich musste sie einfach aufziehen … behauptet sie steif und fest, ein Weibchen mit 3 Nasenlöchern gesehen zu haben!

Ich kugelte mich vor Lachen, als ich ihr französisch gefärbtes Englisch las und die Skizze sah, die sie von diesem Tier gemacht hatte. Ich glaube ihr ja, würde das Tier aber gern selbst erst einmal sehen.

UNTEN Pug aus Gruppe 8, einer der heranwachsenden Schwarzrücken.

Im Juni zeigten sich die Auswirkungen der Belastung, sich allein um das Lager kümmern zu müssen. Fossey wurde immer unbesonnener, und ihre Stimmung schwankte stark. Obwohl der Tag von Campbells Rückkehr vor seiner Abreise aus Karisoke festgelegt worden war, glaubte Fossey, er würde früher zurückkommen. Ihre Verwirrung schürte ihre Wut, wie sie ihren Eltern schrieb.

Werde wahnsinnig bei dem Versuch, alles niederzuschreiben – abgesehen von allem anderen müssen so viele Berichte geschrieben werden. Das ist nicht fair. Campbell kommt nächsten Dienstag wieder. Er meinte, 2 Wochen mehr in Nairobi verbringen zu müssen als ursprünglich geplant, und zu seinem Pech hat ihn das seine Arbeit hier gekostet. Ich habe seine Entlassung empfohlen, wenn ich abreise, sodass die Arbeit des Jungen [Alan Goodall] *aus England nicht durch Fotografieren gestört wird.*

Bei seiner Rückkehr ins Lager dachte Campbell intensiv über seinen Auftrag nach. Er kam zu dem Ergebnis, dass die besten Fotos und Filme nur dann zu Stande kommen würden, wenn er von Fosseys überzeugter Haltung, nicht in die Gruppen einzudringen, abwich und den Tieren entschlossen auf den Leib rückte. Dabei bestand zwar das Risiko, die Gorillas aufzuregen und ihr Verhalten durcheinander zu bringen – aber auch die Möglichkeit unverdeckter Nahaufnahmen, und Fossey war mit einem Versuch einverstanden. Nach einiger Zeit wurde Campbells und Fosseys neue Gewöhnungstechnik mit mehreren emotionalen Kontakten zu den Gorillas und gefühlvollen Fotos belohnt.

Gegen Ende des Sommers bereitete sich Fossey auf ihre Abreise vor, ihre Rückkehr war erst für das Frühjahr 1971 geplant. Zuerst wollte sie in die USA fliegen, um sich mit National-Geographic-Mitarbeitern zu treffen, Vorträge zu halten und Zeit mit ihrer Familie und ihren Freunden zu verbringen. Anschließend musste sie für zwei Trimester nach Cambridge, um ihre Dissertation zu beenden. Fossey entschied, dass Campbell das Lager ebenfalls für einige Zeit verlassen solle, damit Alan Goodall dort die alleinige Verantwortung übernehmen konnte.

OBEN Die zweite Hütte wurde für Alan Goodall gebaut, der sich um das Lager kümmern sollte, wenn Fossey wieder in Cambridge war.

Ruanda, 31. Juli 1970

Liebe Mutter, lieber Vater,

… Der neue Junge [Alan Goodall] *kam am Samstag an, und am Dienstag stiegen wir nach Großeinkäufen etc. in der Zivilisation hinauf zum Lager. In der Woche zuvor wurde seine Hütte gebaut, die, wie ich finde, sehr schön ist – großer Kamin etc. Ich wünschte, ich könnte dort wohnen. Der belgische Botschafter nebst Geleit der Königin und des Königs von Belgien kletterten auf den Berg, um Gorillas zu sehen – Gottlob konnten sie nicht über Nacht bleiben, da ich mich schnell aufrege. Natürlich will der Neue eine Million Fragen stellen und lernen; Bob will Bilder und ich*

OBEN Obwohl Goodall während Fosseys Abwesenheit das Lager beaufsichtigen sollte, war ihm nicht ganz klar, welche Rolle er spielte; er hatte erwartet, Gorillas zu studieren, doch es zeichnete sich ab, dass Fossey die Patrouillen gegen die Wilderer ebenso wichtig waren.

muss Unmengen packen und sortieren – bin nicht gerade in bester Stimmung. Jetzt wollen der deutsche und französische Botschafter vor meiner Abreise kommen, und ich musste ablehnen und sie bitten, es nicht zu tun – nicht gerade diplomatisch, aber unvermeidlich …

Muss aufhören – rede mit euch in 16 oder 17 Tagen. Ist das nicht toll?

Viele liebe Grüße,
Dian

Alan Goodall hatte nur 13 Tage mit Fossey, bevor sie in die USA flog. In dieser Zeit machte Campbell weitere Fotos von Fossey mit den Gorillas für NATIONAL GEOGRAPHIC – eine Aufgabe, die wichtiger war als die Ausbildung des neuen Mitarbeiters in der Kunst der

Gorillasuche und den Techniken zum Studieren von Gorillagruppen. Goodall lernte jedoch zwei wichtige Lektionen: die Gorillas zu respektieren und ihnen nie zu folgen, wenn sie nach einem Kontakt weiterzogen, und er lernte, wie man Rinder aus dem Forschungsgebiet vertreibt. Wie viele andere Forscher, die nach Karisoke kamen, fragte sich Goodall, welche Rolle ihm zugeteilt wurde. Er wollte die Gorillas studieren und keine einheimischen Ruander aus ihrem eigenen Wald vertreiben, und doch wusste er, dass es keine Gorillas als Studienobjekte mehr gäbe, wenn das ständige Eindringen von Wilderern und Hirten nicht gestoppt würde.

UNTEN Fossey zeigt Goodall das Schlafnest eines Silberrückens.

Goodall hätte sein Dilemma besser lösen können, wenn er es mit den anderen hätte besprechen können. Stattdessen stellte er fest, dass nach dem Abtippen der Tagesnotizen von jedem Lagermitglied erwartet wurde, für sich selbst zu kochen und allein zu essen.

In den USA stellte Fossey überwältigt fest, dass sie eine kleine Berühmtheit war. Leakey hatte Fossey als Hauptrednerin bei einem Wohltätigkeitsdinner für die Leakey Foundation engagiert, und ihr Vortrag war ein Riesenerfolg.

Fossey hatte jetzt die Autorität und Anerkennung, die sie verdiente. Ihre Gespräche mit der National Geographic Society verliefen ebenso gut. Die von De Munck durchgeführte Zählung wurde genehmigt, und Campbells fotografische Leistungen riefen Begeisterung hervor. Es sah so aus, als sei die Zukunft der Forschungsstation in Ruanda langfristig gesichert.

Nach einer Rede in Los Angeles schrieb Fossey an Campbell:

Ich habe kein Recht, heute Abend einen Brief an dich anzufangen, da ich gerade von L.A. und dem VORTRAG – igitt – zurückgekommen bin; also bin ich müde, aber überhaupt nicht schlecht gelaunt, weil jetzt alles vorbei ist. Ich fand deinen wundervollen Brief vor und möchte ihn sofort beantworten …

Du kannst dir die Reaktionen in Amerika auf die Studie nicht vorstellen – aus allen Gesellschaftsschichten (u.a. von zwei Topleuten vom N.G.). Ich halte das alles für ziemlich komisch, obwohl ich gleichzeitig so dankbar bin, weil es die Rettung der Gorillas bedeuten kann, und das ist es, was wirklich zählt …

In diesem Brief drängte Fossey Campbell, nicht nach Washington zu reisen, um ihre National-Geographic-Sponsoren zu besuchen, ein Plan, den Campbell angesprochen hatte. Außerdem bestand sie darauf, dass er Karisoke während Goodalls Leitung im Lager verlassen solle; Campbell schrieb später beide Anordnungen Fosseys Angst zu, die Erfolge seiner Gewöhnungstechniken könnten nicht mit ihr in Verbindung gebracht werden: Ihr Plan stellte sicher, dass er während der gesamten Zeit ihrer Auslandsreise nicht in Karisoke sein würde. Fosseys Unsicherheit in Bezug auf ihre Fähigkeit, ihr eigenes Forschungsprojekt durchzuführen, hatte sich durch das ihr entgegengebrachte Lob nur teilweise verringert.

Fossey nutzte die Kontakte zu einflussreichen Leuten, um die Sache des aktiven Naturschutzes voranzubringen. Je mehr Zeit sie in den Virungas verbrachte, desto überzeugter vertrat sie die Notwendigkeit, an den Parkgrenzen zu patrouillieren und eindringende

OBEN Die ruandischen Parkwächter und der Conservateur in Uniformen, die Fossey in Washington für sie gekauft hatte.

Wilderer, Hirten und Rinder zu vertreiben. Ihre Kampagne trug allmählich Früchte:

Die Leakey-Stiftung hat mir einen hübschen Scheck für die Ausrüstung der Wächter gegeben. In einem Army Shop in Washington kaufte ich 13 Paar Kampfstiefel, 20 Hosen, 20 Hemden, 20 Barette, 20 Abzeichen.

Während Fossey sich in den USA amüsierte, gab es im Lager Probleme. Campbell hatte Karisoke verlassen, und Goodall hatte Schwierigkeiten, sich einzuleben, nicht zuletzt, weil seine Mutter kurz zuvor gestorben war und seine Frau zu Hause gerade ein Kind bekommen hatte. Frau und Tochter würden zwar nach Karisoke nachkommen, aber bis dahin war er der einzige Europäer im Lager – und sehr einsam.

Die Kontakte mit den Gorillas waren ebenfalls schwierig. Fossey hatte Goodall vorgeschlagen, Gruppe 8, die nur aus fünf Männchen bestand, als Studiengruppe zu wählen. Im Gegensatz zu der habituierten Gruppe 4, die viele gute Kontakte versprach, war Gruppe 8 immer unterwegs. Selbst mit der kompetenten Hilfe des erfahrenen Fährtenlesers Nemeye sah sich Goodall mit einer schwierigen Aufgabe konfrontiert.

Er begann mit der Arbeit, aber auch ihm bereiteten die Wilderer und Rinderhirten ständig Sorgen. Fossey hatte nach dem Büffelvorfall auf Rinder geschossen, und Campbell hatte aus Versehen einen Tutsi-Hirten angeschossen (der jedoch nicht ernsthaft verletzt wurde). Goodall schrieb an Campbell, um ihm von einer Begegnung mit Wilderern zu berichten: Er hatte Campbells Technik ausprobiert, über die Köpfe der Wilderer und Tutsi zu schießen – doch als sie sich dadurch nicht vertreiben ließen, schoss er zwei Männern, beide Wilderer, ins Bein. In

UNTEN Nemeye (rechts) war ein kompetenter Fährtenleser und erwies sich für Goodall während seines gesamten Aufenthalts als äußerst wertvolle Hilfe.

VORHERGEHENDE SEITE Ein Tutsi-Rinderhirte treibt seine Herde von der höher gelegenen Weide zu den moosbedeckten Kosobäumen.

seinem Brief beschrieb Goodall weiter, wie er ein Lager von zwölf bis 15 Wilderern fand, wo er ein paar ihrer Waffen sicherstellte und nur knapp einem Speer entkam, den einer der Männer nach ihm warf. »Die dramatische Tat, jemandem ins Bein zu schießen, hat anscheinend gewirkt«, schloss Goodall, »aber leider sind bisher alle Tutsi-Beine meinem Ziel ausgewichen. Das ist schade, da immer noch vereinzelte Rinder in der Gegend sind.«

Fossey und Campbell waren entsetzt, als sie von den Schießereien erfuhren, und konnten nicht sicher sein, ob sie alles wussten. Es gab widersprüchliche Aussagen über die Anzahl der angeschossenen Personen und die getroffenen Körperteile. Goodall sagte später aus, dass er nur auf eine Person geschossen habe, und zwar ins Bein – doch ein Wilderer wurde im Krankenhaus von Ruhengeri wegen einer Schusswunde im Rücken behandelt. Die ruandischen Behörden drückten beide Augen zu, und Goodall kam ungestraft davon.

Nach ihrem angenehmen USA-Aufenthalt kehrte Dian im Oktober zum Herbsttrimester an die Cambridge University zurück. Sie schilderte Campbell ihre Qual, in das Land zurückzukehren, das sie so wenig mochte.

Cambridge, 3. Oktober 1970

Lieber Bob,

... Bin heute, nach zwei Tagen mit Leakey und Jane und Hugo in London, in Cambridge angekommen. London fand ich gar nicht so schlimm, da ich mich sehr gefreut habe, Jane wieder zu sehen, und fand außerdem, dass Dr. Leakey extrem fit und entspannt war. Kenne es gar nicht, dass er so gut aussieht und klingt.

Die nette Sekretärin des Madingley holte mich heute Morgen vom Bahnhof ab, und wir haben uns anschließend ein paar Autos angeschaut. Mir war nicht klar, was bei meiner Rückkehr hierher passieren würde – alles ist genauso, als wäre es gestern gewesen, und alles ist unerträglich – kann nicht glauben, dass ich so unflexibel bin. Die nächsten Wochen, wenn ich sie durchstehe, werden die reine Hölle ...

Habe im Moment nicht mehr zu sagen, oder zumindest nichts, was gesagt werden kann.

Liebe Grüße,
Deine Dian

GEGENÜBER Fossey, Goodall und der belgische Botschafter in Ruanda sichten auf einem Ausflug Gorillas, bevor Fossey Goodall die Verantwortung für das Lager übertrug.

Als Fossey drei Wochen später an ihre Eltern schrieb, hatte sie eindeutig Heimweh und fühlte sich in den akademischen Kreisen fehl am Platz.

Vielen Dank für die Bilder – ich finde sie toll und bin überglücklich, sie zu haben. Ihr beide wärt etwas verlegen, wenn ihr wüsstet, wie viel sie mir bedeuten. Ich glaube, mein Lieblingsbild ist das von euch beiden am Brathähnchentag in der Küche!

… Ich habe … Probleme, mich in diesem entsetzlichen Land einzuleben …. [Ich] *bin fünf Tage lang durch Südengland gereist … eine totale Zeitverschwendung. Praktisch 80 % der Straßen in diesem Land sind nur zweispurig und voller LKWs und Baustellen, was das Fahren zur Qual macht. Die Landschaft ist zwar schön, aber da man ständig LKWs überholen muss, kann man nicht aus dem Fenster schauen, um* [sie] *zu genießen …*

Die sechstägige Reise hat mich nur schon deshalb zum Wahnsinn getrieben, weil sich die Arbeit vor mir auftürmt – es ist unglaublich. Ich arbeite etwa 5 Stunden pro Tag an einem Rechner, bekomme pro Tag eine einstündige Einführung an meinem eigenen Computer und muss dann weitere drei Stunden pro Tag an der Statistik meiner Forschungsdaten arbeiten. Wo da noch der National-Geographic-Artikel Platz haben soll, weiß ich nicht, da ich jeden Abend mit mathematischen Formeln im Kopf ins Bett gehe und mich die ganze Nacht hin und her wälze und versuche, sie im Schlaf zu lösen. Ich fürchte, ich bin einfach nicht zur Wissenschaftlerin geschaffen. Hatte fast gehofft, dass das Stipendium für zwei weitere Trimester nicht kommen würde, aber sie konnten es gar nicht erwarten, es zur Post zu geben, und nicht nur das, sondern sie haben es auch noch erhöht!!!!

UNTEN Ein Brief von Fossey mit Madingley-Briefkopf. Die Zeit, die sie in Cambridge an ihrer Dissertation arbeitete, war unerträglich für sie. Sie konnte es kaum erwarten, nach Afrika zurückzukehren.

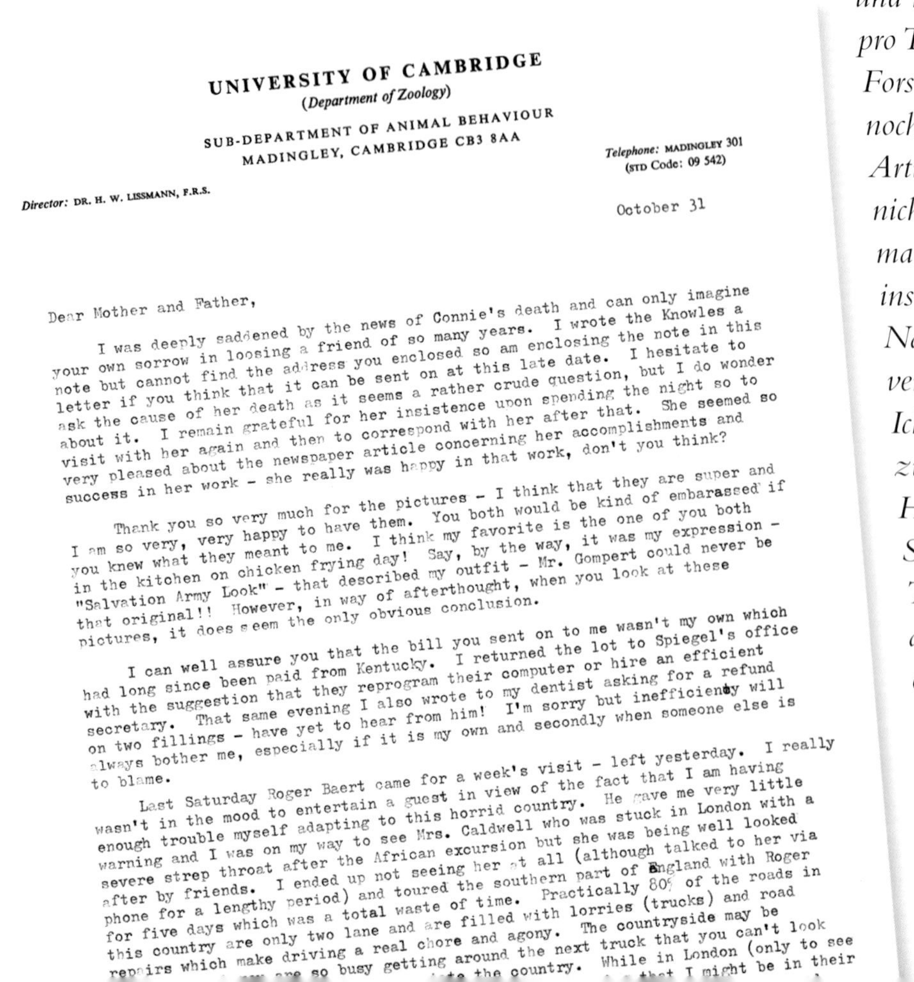

UNIVERSITY OF CAMBRIDGE
(Department of Zoology)
SUB-DEPARTMENT OF ANIMAL BEHAVIOUR
MADINGLEY, CAMBRIDGE CB3 8AA

Telephone: MADINGLEY 301
(STD Code: 09 542)

Director: DR. H. W. LISSMANN, F.R.S.

October 31

Dear Mother and Father,

I was deeply saddened by the news of Connie's death and can only imagine your own sorrow in loosing a friend of so many years. I wrote the Knowles a note but cannot find the address you enclosed so am enclosing the note in this letter if you think that it can be sent on at this late date. I hesitate to ask the cause of her death as it seems a rather crude question, but I do wonder about it. I remain grateful for her insistence upon spending the night so to visit with her again and then to correspond with her after that. She seemed so very pleased about the newspaper article concerning her accomplishments and success in her work - she really was happy in that work, don't you think?

Thank you so very much for the pictures - I think that they are super and I am so very, very happy to have them. You both would be kind of embarassed if you knew what they meant to me. I think my favorite is the one of you both in the kitchen on chicken frying day! Say, by the way, it was my expression - "Salvation Army Look" - that described my outfit - Mr. Gompert could never be that original!! However, in way of afterthought, when you look at these pictures, it does seem the only obvious conclusion.

I can well assure you that the bill you sent on to me wasn't my own which had long since been paid from Kentucky. I returned the lot to Spiegel's office with the suggestion that they reprogram their computer or hire an efficient secretary. That same evening I also wrote to my dentist asking for a refund on two fillings - have yet to hear from him! I'm sorry but inefficiency will always bother me, especially if it is my own and secondly when someone else is to blame.

Last Saturday Roger Baert came for a week's visit - left yesterday. I really wasn't in the mood to entertain a guest in view of the fact that I am having enough trouble myself adapting to this horrid country. He gave me very little warning and I was on my way to see Mrs. Caldwell who was stuck in London with a severe strep throat after the African excursion but she was being well looked after by friends. I ended up not seeing her at all (although talked to her via phone for a lengthy period) and toured the southern part of England with Roger for five days which was a total waste of time. Practically 80% of the roads in this country are only two lane and are filled with lorries (trucks) and road repairs which make driving a real chore and agony. The countryside may be [illegible] are so busy getting around the next truck that you can't look [illegible] the country. While in London (only to see [illegible] that I might be in their

Als Fossey im November einen Brief von Goodall erhielt, erwartete sie Neuigkeiten von der Station. Stattdessen erfuhr sie, dass der Parkaufsichtsbeamte am 27. Oktober Goodall eine schreckliche Nachricht überbracht hatte: Eine Gruppe aus sechs Gorillas war nach einem Abstecher in ein Dorf in der Nähe der Parkgrenze anscheinend zu Tode gesteinigt worden. Goodall kannte zwar nicht alle Einzelheiten, wusste jedoch zu berichten, dass ein Kind von einem Gorilla gebissen worden war und die Dorfbewohner die Gruppe aus Rache massakriert hatten. Goodall holte die verwesenden Leichen von fünf Gorillas ab (die sechste wurde nie gefunden) und brachte sie zu Forschungszwecken ins Lager.

Fossey glaubte nicht, dass die Gorillas zu Tode gesteinigt worden waren, und hatte sofort den Verdacht, dass die Gruppe (wahrscheinlich Gruppe 10) von Wilderern getötet worden war, um ein Baby für einen Zoo im Ausland zu fangen. Dies wäre eine Erklärung für das fehlende sechste Tier. Sie schrieb an Campbell:

Ich kann dir nicht sagen, wie glücklich ich über deinen Brief war, denn wie du fühle auch ich mich dem Projekt so fern. Dies und so weit weg von allem, was ich kenne und liebe, zu sein, macht das Leben fast unerträglich … heute sind es elf Tage nach der Halbzeit in der Hölle!

Nein, Alan ist weder der beste Briefeschreiber der Welt, noch beantwortet er wichtige Fragen. Ich versuche zu berücksichtigen, dass das Land und die Studie noch neu für ihn sind und er außer der Arbeit noch familiäre Verpflichtungen hat und das Briefeschreiben daher natürlich hintanstellt …

Ich füge einen Teil von Alans Brief bezüglich des Todes der Berggorillas bei – ich habe ihn von seinem Brief abgetippt und an ein paar Naturschutzbehörden geschickt. Ich habe inzwischen herausgefunden, dass ein junger Gorilla – keine weiteren Einzelheiten – innerhalb des letzten Monats den Hafen von Nairobi in Richtung Europa verlassen hat. Natürlich ist Alans Bericht über das Abschlachten völlig falsch, da keine Gorillagruppe von einem Haufen wütender Einheimischer zu Tode gesteinigt werden könnte. Ich mache mir Gedanken über Alans Beobachtungsgabe – in unserem Teil der Berge gibt es keine Steine – ich muss ihn wegen seiner Ungenauigkeit leider verfluchen, ihn gleichzeitig aber auch loben, weil er die Überreste hinauf zur Station gebracht hat. Das war Herkulesarbeit.

Ich darf überhaupt nicht an das Massaker denken … es hat das zerstört, was von mir übrig war. Die Gruppe wurde ungefähr da getötet, wo Coco und Pucker gefangen wurden – und ich bin überzeugt, dass man sie getötet hat, um weitere Babys zu bekommen.

OBEN Fossey fotografiert ihre wachsende Gorillaschädelsammlung.

De Munck sah sich später den Ort des Massakers an und bestätigte Fosseys Verdacht, dass die Gorillas nicht gesteinigt worden waren. Die Steine in der Gegend waren viel zu schwer, und sie glaubte, dass die Gorillas mit Speeren und Pfeilen angegriffen worden waren. Sie erfuhr, dass die Tötung der Gorillas eine Vergeltungsmaßnahme für Goodalls Schüsse auf den Wilderer waren – und möglicherweise auch die Folge von Fosseys aggressivem Verhalten gegenüber den Rinderhirten.

Es gab Anhaltspunkte dafür, dass sich ein berüchtigter Großwildjäger in der Gegend aufhielt; daher konnte es gut sein, dass die Gorillas wegen eines Babys für einen Zoo oder Sammler getötet worden waren. Es war aber auch möglich, dass die Menschen, deren Lebensunterhalt von den Wäldern der Virungas abhängig war, Rache für die Art und Weise wollten, wie sie behandelt wurden. Wenn es keine Gorillas gäbe, würde es schließlich auch kaum Einmischungen in ihre Nutzung der natürlichen Ressourcen des Waldes geben.

Auf jeden Fall trugen alle an der Parkverwaltung Beteiligten eine Mitschuld. Berggorillas waren und sind eine bedrohte Tierart, und doch waren die ruandischen Behörden damals kaum an ihrem Schutz interessiert. Die Aufgabe fiel Fossey und ihren Mitarbeitern zu – die nur in einem winzigen Teil des riesigen Nationalparks patrouillieren konnten.

Als ein weiteres ereignisreiches Jahr für Fossey zu Ende ging, erhielt sie eine aufregende Mitteilung, die ihre Stimmung hob; sie durfte Cambridge früher als erwartet – am 6. März – verlassen und musste 1971 nicht wiederkommen. Die Arbeit an einem zweiten NATIONAL-GEOGRAPHIC-Artikel lief jedoch nicht so gut. Sie schrieb an Campbell:

Habe gerade extreme Schwierigkeiten mit der N.G.-Geschichte – es funktioniert einfach nicht. Ich hätte nie gedacht, dass ich sie hier nicht schreiben könnte, aber so sieht es jetzt nun einmal aus – ich kann einfach nicht schreiben. Es ist eine Niederlage. Die Wörter kommen einfach nicht, obwohl ich mich so bemühe. Das ist das erste Mal, dass ich sie enttäusche, was noch erschreckender ist und alles noch schlimmer macht.

GEGENÜBER Fossey hatte das Gefühl, dass die Verantwortung für den Schutz der Berggorillas vor dem Aussterben allein auf ihren Schultern lastete; die Behörden in Ruanda setzten andere Prioritäten.

Je mehr Zeit Fossey in England verbrachte, desto merkwürdiger fand sie das Land. Im Winter 1970 ertrug sie einen verlängerten Weihnachtsurlaub, erlebte Generalstreiks, die Dreitagewoche und ein Land am Rande des sozialen und wirtschaftlichen Zusammenbruchs.

Cambridge, 26. Dezember 1970

Liebe Mutter, lieber Vater,

gestern habe ich den wundervollen Weihnachtsmann getroffen – er hat nicht nur alle Falten aus meinem Gesicht entfernt, sondern auch zum ersten Mal, seit ich in England bin, meine Füße gewärmt. Außerdem hielt er es für angebracht, mich in eine gewagte, aber perfekt sitzende Bluse zu kleiden, die bereits für einige Kontroversen gesorgt hat, wenn ich sie trage. Zudem hat er mich mit herrlich warmen Handschuhen ausgestattet und hielt es für angebracht, meine Kleidung mit einer fransenbesetzten Handtasche zu ergänzen, die man gesehen haben muss, und die zweifellos auf die Titelseite des N.G. *kommt. Ich glaube, ich bin eine sehr glückliche »junge Dame« und danke euch dafür, dass ihr in »seinem« Namen alles so schön eingepackt habt. Ihr könnt euch nicht vorstellen, wie sehr euer Päckchen mein Weihnachtsfest gerettet hat, ja, mein Weihnachtsfest war …*

Weihnachten in diesem Land ist eine ziemlich lange Angelegenheit … alles hat am Donnerstag geschlossen, und Samstag war der so genannte »Boxing Day« – der »zweite« Weihnachtstag, der … soweit ich diese lächerlichen, dekadenten Menschen verstehe, mehr gefeiert wird als Weihnachten selbst … Montag ist ebenfalls ein Feiertag – alles in allem fünf Tage, an denen kein Lebensmittelgeschäft und kaum Tankstellen geöffnet haben. Es ist wirklich unglaublich. Viel unzivilisierter als Afrika. Die Streiks in den letzten sechs Wochen haben mir nicht viel ausgemacht – keine Kohlen, kein Strom, keine Busse, keine Post, keine Müllabfuhr …

Die Nachrichten aus Ruanda werden immer schlechter, und ich muss mich wirklich sehr zusammenreißen, damit ich nicht sofort zurückkehre … Im Moment deprimiert mich der Gedanke daran, was im Lager passiert. Ich weiß, dass die Gorillas nicht getötet worden wären, wenn ich dort gewesen wäre …

Alles Liebe, Dian

Fossey nahm in Cambridge Französischunterricht als Vorbereitung auf ihre Rückkehr nach Ruanda, wo Französisch die Amtssprache war. Sie war mit ihrer Arbeit zur Lautgebung der Gorillas beschäftigt, die im Januar fertig sein sollte, und arbeitete zum ersten Mal seit zwei Jahren ihre gesamte Korrespondenz auf.

Die Nachricht von Goodalls Schüssen auf Wilderer und dem anschließenden Gorillamassaker hatte die National Geographic Society in Washington erreicht. Verständlicherweise wollte die Society nicht mit einem Projekt in Verbindung gebracht werden, bei dem so etwas passierte, und legte die erneute Bewilligung der finanziellen Mittel auf Eis. Ohne ihr Wissen fuhr Campbell nach Washington und trat für Fossey ein. Er wies darauf hin, dass sie weder auf jemanden geschossen habe noch zum Zeitpunkt der Schießerei dort gewesen sei. Die Mittel wurden für ein weiteres Jahr bewilligt, und kurz nach Fosseys Rückkehr nach Karisoke im Frühjahr 1971 fuhren Goodall und seine Familie nach England zurück.

UNTEN Ein Porträt von Fosseys und Campbells Lieblingsgorilla. Hier ist der verunstaltete Finger zu sehen, nach dem er seinen Namen erhielt – Digit (engl. für Finger).

Wieder in der Station, setzten Fossey und Campbell ihre Affäre und ihre Arbeit fort. Während Fossey neue Zähler ausbildete und Schreibarbeiten erledigte, baute sich Campbell eine Hütte und zog endlich aus seinem vermoderten Zelt aus. Er verbrachte viele Stunden bei den Gorillas: Mit der Zeit akzeptierten die Tiere seine Gegenwart, und er konnte außergewöhnliche Nahaufnahmen machen. Jeden Abend berichtete er Fossey von den Verhaltensweisen der Gorillas, die Fossey dann aufschrieb.

Es gab einen Gorilla, Digit, den sowohl Campbell als auch Fossey besonders mochten. Fossey traf Digit, ein junges Männchen aus Gruppe 4, zum ersten Mal 1967 und schätzte sein Alter auf fünf Jahre. 1969 erhielt er von Campbell den Namen »Digit«, da ein Finger (engl.: *digit*) an der rechten Hand verkrüppelt war. In der zweiten Jahreshälfte von 1971 verbrachten Fossey und Campbell viele schöne Stunden damit, die

Eskapaden des übermütigen und verspielten Jungtieres zu beobachten und zu fotografieren. Ihre Gewöhnungstechniken funktionierten bei Gruppe 4 besonders gut, und Digit machte der Kontakt mit Menschen immer mehr Spaß. In *Gorillas im Nebel* schrieb Fossey:

Digit freute sich tatsächlich auf die täglichen Kontakte mit den Karisoke-Beobachtern, da sie Unterhaltung bedeuteten ... Er konnte sogar zwischen Männern und Frauen unterscheiden. Männer griff er an und schlug sie, verhielt sich Frauen gegenüber jedoch fast kokett. Wenn ich allein war, forderte er mich oft zum Spiel auf, indem er sich auf den Rücken plumpsen ließ ... dabei schaute er mich lächelnd an, als ob er sagen wollte: »Bin ich nicht unwiderstehlich?« Ich fürchte, dass meine wissenschaftliche Objektivität bei solchen Gelegenheiten dahinschmolz.

Karisoke wurde zum Zuhause für weitere Studenten und Zählbeauftragte, darunter Alexander (Sandy) Harcourt – der für die Zukunft der Forschungsstation und des Gorillaschutzes eine große Rolle spielte – und Graeme Groom. Fossey mochte den ernsthaften und engagierten Harcourt sofort. Viele von Fosseys Mitarbeitern, sowohl Bedienstete als auch Studenten, litten dagegen unter ihrem Zorn; Fossey machte ihrem Ärger schnell Luft, wenn die Leistungen nicht wie erwartet ausfielen. Im Juli machte Campbell Urlaub in Nairobi, und Fossey und ihre Mitarbeiter bauten eine neue Hütte. Dian schrieb ihm:

Sandy scheint gut zurechtzukommen. Er hat am Rand des Ngezi-Kraters einen einzelgängerischen Silberrücken gefunden, an derselben Stelle, an der Alyette ebenfalls einen bemerkt hat, doch er verfolgte [ihn], *bis er Nasenabdrücke von ihm hatte.*

Dann fand er 2 Erwachsene, von denen einer, wie er glaubt, ein Silberrücken ist ... dann fand er 2 weitere und bekam Nasenabdrücke. Ich glaube, er macht sich sehr gut. Sagt, er würde jetzt häufig Elefanten und Büffel sehen, ist in mehrere Ikiboogas [einfache Schuppen] *eingefallen (!) und hat alle möglichen Schlingen und Fallen gefunden.*

UNTEN Träger helfen beim Aufbau des Lagers für Sandy Harcourt an dem kleinen See unterhalb des Ngezi-Kraters, in der Nähe von Michael Burkharts ehemaligem Lager.

RECHTS Die Ankunft zweier neuer Studenten, Sandy Harcourt und Graeme Groom (hier mit Fossey auf dem Sabinio), gab Fossey neue Hoffnung für die Zukunft der Station. Vor allem Harcourt war ein engagierter und intelligenter Mitarbeiter.

RECHTS Die Studenten in Karisoke waren in Fosseys Augen oft eher ein Hindernis als eine Hilfe. Nur wenige ertrugen die schwierigen Bedingungen, und die meisten reisten wieder ab, bevor sie einen lohnenden Beitrag zu Fosseys Arbeit leisten konnten.

Zwei junge Frauen dagegen, die die Langzeitzählung fortsetzen sollten, waren nicht ganz so beeindruckend.

Sie kamen kurz nach deiner Abreise. Sie sagten, sie hätten ihr gesamtes Geld und alle Berichte vor dem Zelt liegen lassen, und ob ich ihre Männer bezahlen und auf ihre Berichte warten könnte, bis sie wiederkämen? Stattdessen schickte ich ihre Männer wieder zurück, um alles zu holen, was alle rasend machte. Sie haben eine Ziege »zum Kuscheln« mitgebracht und sagten mir beim Weggehen, dass sie vergessen hatten, das Auto abzuschließen!

Ich habe mir ihre Notizen angesehen und bin damit überhaupt nicht zufrieden. Sie glauben, sie hätten insgesamt 50 Tiere gezählt, aber ich kann ihnen nur 23 zuschreiben!

Im Oktober publizierte NATIONAL GEOGRAPHIC Dians zweiten Artikel, »More Years with Mountain Gorillas« (»Weitere Jahre mit den Berggorillas«), und Fossey arbeitete fleißig an einem Kapitel für ein Buch der National Geographic Society über Verhaltensforschung. Harcourt und Groom waren nach Cambridge zurückgekehrt, um weiterzustudieren – sehr zu Fosseys Leidwesen, wie sie in einem Brief vom 15. Oktober 1971 an Rosamond Carr schrieb.

Ich kann dir gar nicht sagen, wie traurig ich war, als Sandy wegging, und Graeme war ebenfalls ein guter Mitarbeiter, aber Sandy war so unglaublich engagiert und ehrlich, dass er etwas ganz Besonderes war … Beide Jungs wollen nächsten Sommer wiederkommen, Sandy … in der Hoffnung, hier seine Doktorarbeit zu schreiben … ich tue alles, was ich kann, um sie beide zurückzubekommen, vor allem Sandy, dessen Willenskraft, Ausdauer und objektive Beobachtungen ihn zu einem brillanten Feldforscher machen.

UNTEN Fossey mit ihrer kleinen Filmkamera – das Filmen der Gorillas half Fossey und Campbell enorm bei ihren Verhaltensstudien.

Fossey und Campbell beobachteten und filmten einige erstaunliche Verhaltensweisen von Gruppe 4, die ein paar Mitglieder an Gruppe 5 und 8 verloren hatte. Gruppe 5 war in der Nähe der Station wieder aufgetaucht, und Bravado (die zu dieser Zeit immer noch für ein Männchen gehalten wurde) verließ die Gruppe und näherte sich Fossey und Campbell bis auf einen Meter.

Er sah uns intensiv an, als er sich näherte, trommelte sich dann angeberisch auf die Brust, starrte ein paar Minuten, als ob er sagen wollte: »Wo wart ihr denn?« und ging langsam wieder zu seiner neuen Gruppe. Es war ein sehr bewegendes Erlebnis. Bravado war das Tier, das einmal versucht hat, mich spielerisch von einem Baum zu jagen. Wir dachten eigentlich, er sei tot …

Habe endlich einen enormen Rückstand an Korrespondenz und Schreibarbeit aufgeholt, sodass ich täglich zu den Gorillas gehen kann (wie in alten Zeiten), und könnte nicht glücklicher sein …

P.S. Hatte inzwischen einen weiteren fantastischen Kontakt zu Gruppe 4 – endlich hatte ich die Gelegenheit, einem jungen Erwachsenen [Digit] *einen Spiegel vors Gesicht zu halten. Er verhielt sich wie ein Teenager, der sich für einen*

OBEN Zwei Gorillas aus Gruppe 4: Petula und ihr Baby Augustus.

Schulabschlussball herausputzt – zuerst drehte er mit geschürzten Lippen den Kopf hin und her und stützte sich dann auf die Unterarme, um zuerst am Glas zu schnuppern und dann 4 Minuten lang direkt und konzentriert hineinzustarren. Insgesamt schaute er sich 15 Minuten lang an, und gegen Ende dieser Zeit tastete er zweimal hinter den Spiegel nach dem Tier, das dort nicht war! Einmal verrutschte der Spiegel leicht, sodass er eine neue Position einnehmen musste, um sein Spiegelbild wieder zu sehen. Es war einfach zu komisch! Dieses Verhalten lockte ein anderes Tier an, das nicht verstand, was Digit da machte … Was für ein Tag.

Ende des Jahres verließen alle Zählbeauftragten und Studenten das Lager. Campbell fuhr für den größten Teil des Dezembers und Januars nach Nairobi. Bei seiner Rückkehr nach Karisoke erzählte er Fossey von seinen Plänen, sich in Koobi Fora im nordkenianischen Turkana einer Expedition anzuschließen, die von seinem engen Freund Richard Leakey geleitet wurde. Dies war eine Fortsetzung der Arbeit, die Campbell gemacht hatte, bevor er 1969 nach Karisoke kam, und die er schon lange wieder aufnehmen wollte.

Fossey und Campbell hatten seit über zwei Jahren eine Beziehung, die sich jetzt dem unvermeidlichen Ende näherte. Campbell war verheiratet und hatte Fossey nie Hoffnungen in Bezug auf ihre Affäre gemacht. Trotzdem war Campbell Fossey ein treuer Freund gewesen und hatte sie auch dann unterstützt, wenn es sonst niemand tat. Zusammen waren sie den Gorillas näher gekommen als irgendjemand zuvor. Fossey wollte Campbell, den sie von ganzem Herzen liebte, nicht loslassen; sie sagte zu ihm, dass er in Karisoke nicht mehr willkommen sei, wenn er jetzt nach Turkana ginge. Sie besuchte ihre Freunde, Alan und

LINKS Digit führt vor, warum er Fosseys Liebling war. Durch Fosseys oder Campbells Anwesenheit in keinster Weise beunruhigt, rollt er herum und gibt vor der Kamera an.

OBEN Campbell mit Digit – eine Aufnahme, die Fossey machte.

Joan Root, um Rat und Trost zu finden, und schrieb im April 1972 an ihre Eltern:

Ich habe mich über euren Brief ausgeweint und dann – habe ich mir die Tränen abgewischt … bin nicht tapfer genug, um zu sagen, dass ich nicht »verletzt« wurde; eine Weile dachte ich, für immer, was ein Grund für meine Fahrt nach Kenia war. Ich bin in relativ guter Verfassung zurückgekehrt, aufgemuntert durch Alans Lebensphilosophie, die zu meiner passt – war etwas angeschlagen, als Bob am 22. März nach Nairobi fuhr. Richard Leakey hatte ihn gebeten, beim Besuch des Herzogs von Edinburgh am Rudolfsee [jetzt Turkanasee] *zu sein. Bob war von dieser Aussicht natürlich begeistert. Alan wurde ebenfalls gefragt und sogar vom Leiter der BBC dorthin beordert und lehnte daher ab!*

Bob kommt jedenfalls in ca. 4 Tagen zurück, und ich hatte fast 3 Wochen, um allein über alles nachzudenken. Die erste Woche war, gelinde gesagt, schlimm – ich fühlte mich wie eine Witwe, aber jetzt hoffe ich, dass ich mich wieder besser im Griff habe. Bin entschlossener als je zuvor, dass Bob Ende Mai, wenn er am Rudolfsee für Leakey und N.G. filmt, auf keinen Fall zurückkommen kann. Ich hatte am Abend vor seiner Abreise diesbezüglich eine Andeutung gemacht, was nicht sehr klug war; denn er zog etwas beleidigt ab. Wie ihr festgestellt habt: »Es war doch insgesamt schön« (die Untertreibung des Jahrhunderts) …

Trotzdem kann ich nicht glauben, dass das Leben, das wir in jeder Hinsicht und ohne Heuchelei (so dachte ich zumindest) miteinander geteilt haben, bald zu Ende ist. Es gibt keinen anderen Weg, da es nicht gut ist, das Leben nach jemandem auszurichten, dessen Leben bereits jemand anders verpflichtet ist oder der keine klare Entscheidung treffen kann. Ich hoffe, dass ich die Endgültigkeit meiner Entscheidung bis Ende Mai aufschieben kann. So kann Bob weiterhin denken, alles sei ziemlich in Ordnung. Zu Bobs Pech liegt die Entscheidung, wer in dieses Lager kommt, jedoch einzig und allein bei mir, und N.G. wird es nicht wagen, sich zu widersetzen.

Dian kurierte nicht nur ihr gebrochenes Herz; sie war von einer Giftspinne gebissen worden, und zwei Wochen später war ihr Fuß noch immer geschwollen und wund. Außerdem war sie von ihrem Hausaffen Kima angegriffen worden.

NÄCHSTE SEITE Fossey bricht im Nebel zu einem Tag der Gorillasuche auf.

Sie hat Hackfleisch aus meiner linken Hand und einem Finger der rechten Hand gemacht … [Ich] *mache mir Sorgen, weil ein Muskel der linken Hand – auch noch der Ringfinger – teilweise durchtrennt ist!*

UNTEN Digit untersucht intensiv einen Handschuh.

Aus diesen Gründen … bin ich den Gorillas nicht jeden Tag gefolgt, seit Bob weg ist, und habe mich wieder meiner Doktorarbeit, Instandhaltungsarbeiten im Lager und meiner Korrespondenz zugewandt … Das Wetter wird immer besser, mit Sonnenschein, der plötzlich durch kurze Hagelschauer unterbrochen wird.

Ein paar Tage vor seiner Abreise nahm Campbell Fossey mit in den Wald zu einem letzten Kontakt mit Gruppe 4. Nach fast drei Wochen Feldforschung wurde er endlich mit Nahaufnahmen von Fossey und einem Gorilla belohnt. Fossey bewegte sich vorsichtig nach vorn, um sich neben Digit zu legen, der trotz ihrer Nähe blieb. Er nahm Fossey ein Notizbuch und einen Stift aus der Hand und legte beides sanft wieder zurück, bevor er sich beiläufig neben ihr niederließ. Diese Szene wurde später verwendet, um den Fernsehzuschauern den freundlichen Digit vorzustellen. Campbell verließ die Station am 29. Mai 1972 nach einem Abschied, den er als »beherrscht und schwierig« bezeichnet.

RECHTS Nemeye durchtrennt die Bambusstäbe einer Schlingfalle der Wilderer.

Fossey, die oft allein im Lager war, begann zu trinken, um ihren Schmerz zu betäuben, und verließ sich auf ihre Fährtenleser Nemeye und Rwelekana, um die Feldforschung fortzusetzen. Nach wie vor kamen neue Studenten nach Karisoke und heiterten Fossey für eine Weile auf, aber es war nicht ungewöhnlich, dass sie nach nur einem kurzen Forschungsbeitrag wieder nach Hause fuhren. Harcourt, der Fossey im Sommer zuvor so stark beeindruckt hatte, kehrte im Juni 1972 zur Station zurück. Er schien die langen Märsche auf schlammigen Waldwegen zu lieben und ließ sich trotz der kärglichen Mahlzeiten, der Abgeschiedenheit und Dauerfeuchtigkeit nicht von seinen Forschungen abhalten. Fossey schrieb am 22. Juli an ihre Eltern und beschrieb die Ankunft neuer Studenten im Lager:

Letzte Woche kam ich nach unten in den Grenzort in Uganda, um meine vier Cambridge-Studenten abzuholen – 2 von ihnen kannte ich nicht. Ich hatte eine sehr arbeitsreiche Woche, in der ich sie in der Annäherung an Gorillas, Kontaktbeobachtungen, einheimischer Vegetation etc. »ausbildete«, und 7 Tage lang so zu tun, als sei ich 20 Jahre alt, war etwas anstrengend. Zum Glück verstauchte sich einer von ihnen auf der Reise von England hierher den Knöchel, und ein anderer hatte Durchfall, sodass ich in ihrem Beisein »gezwungen« war, ganz langsam zu klettern, als wir den Gorillas folgten – wahre Vorsehung.

Die beiden anderen waren voller Elan und haben mich mit ihrer täglichen Gorillasuche und ihren Geländeerkundungen, die um den halben Berg herumführten, fertig gemacht. Trotzdem sind es tolle Jungs, sehr intelligent, auf eine feine Art eifrig, und werden gute Arbeit leisten. Einer der Neuen ist fantastisch anzusehen – über 1,95 Meter groß und wirklich gut aussehend – allmählich finde ich es schade, dass ich so alt bin!

Die Anwesenheit von Jungwissenschaftlern im Lager war für Fossey vorübergehend wie eine Verjüngungskur und spornte ihre Begeisterung an – doch hielt dies nicht lange. Ende 1972 erhielt Fossey die Nachricht vom Tod ihrer Tante Flossie, die ihren geliebten Uncle Bert als Witwer zurückließ (Fossey hatte zwei Gorillas aus Gruppe 4 nach dem Ehepaar benannt). Leakey, Fosseys Mentor und einer ihrer größten Bewunderer, war ebenfalls gestorben. Fossey stand kurz vor ihrem 40. Geburtstag, und die Forscher, die zu dieser Zeit bei ihr waren, behaupten, dass sie mehr trank – vielleicht, um ihren Kummer und ihre Einsamkeit zu vergessen. Dies besserte sich auch in den nächsten Jahren nicht, und Fosseys Verhältnis zu ihren Studenten wurde immer schlechter. Außerdem begann sie eine weitere verhängnisvolle Liebesaffäre.

Machtkämpfe

GEGENÜBER Die tiefen Schluchten des Mount Sabinio.

Ende 1972 kehrte Dian Fossey in die USA zurück, um an einem National-Geographic-Film zu arbeiten, der Material von Campbell und Root enthielt. Harcourt und Ric Elliott, ein weiterer Cambridge-Student, kümmerten sich derweil um Karisoke. Die jungen Männer arbeiteten unermüdlich: Sie mussten Daten für ihre eigenen Forschungsprojekte sammeln und gleichzeitig den Lebensraum der Gorillas vor Wilderern und Rinderhirten schützen.

Fossey war längere Zeit weg; sie besuchte ihre Eltern und ihren Onkel Bert und arbeitete drei Monate an der Cambridge University an ihrer Dissertation. Ihre Rückkehr nach Ruanda 1973 stand unter keinem guten Stern. Ihr Koffer war am Flughafen von Nairobi aufgebrochen und 700 Dollar Bargeld entwendet worden. Sie schrieb ihren Eltern, dass sie »nicht allzu glücklich über die Situation im Lager« war, als sie feststellte, dass ein Fahrzeug der Station beschädigt war, was Reparaturkosten von 300 Dollar bedeutete, und dass ein Student zudem unterschriebene Reiseschecks im Wert von 500 Dollar verloren hatte.

Im Mai erhielt Fossey aus den USA ein Telegramm mit noch schlechteren Nachrichten: Gaynee Henry, die Mutter ihrer Freundin Mary White Henry, war gestorben. In der Zeit in Louisville, Kentucky, war sie für Fossey eine Art Ersatzmutter gewesen, und ihr Tod war ein weiterer Schlag für Fossey, die noch immer um ihre Tante trauerte. Am 23. Mai schrieb Fossey an ihre Mutter:

Ich habe Flossies Tod als einen solchen Verlust empfunden – ich komme einfach nicht darüber hinweg. Und jetzt auch noch diese Nachricht.

Im Juli 1973 gab es viele Veränderungen im Lager – und im Land. Offiziere stürzten den ersten Präsidenten des Landes, Präsident Kayibanda, durch einen unblutigen Militär-

UNTEN Als Fossey zu Besuch in die USA flog, übertrug sie Harcourt die Verantwortung für Karisoke. Er hatte jede Menge mit seiner eigenen Forschungsarbeit zu tun und war außerdem mit der Fallensuche und der Vertreibung von Rinderherden beschäftigt.

putsch. Ein neuer Präsident, General Juvénal Habyarimana, wurde eingesetzt und regierte Ruanda für die nächsten 21 Jahren.

Im Sommer kamen weitere Studenten zur Station, darunter Kelly Stewart, die mit Campbell in Koobi Fora in Kenia zusammengearbeitet hatte. Kelly, Tochter des Schauspielers James Stewart, war intelligent, geistreich und genauso wild entschlossen wie Fossey.

Ruanda, 4. August 1973

Mein lieber Onkel Bert,

es tut mir Leid, dass ich jetzt erst schreibe, aber ich war mit der Einweisung der neuen Zählmitarbeiter beschäftigt – Studenten, die die Gorillas auf anderen Bergen zählen – und habe mit den neuen Regierungsbeamten von Ruanda verhandelt.

Die fünf neuen männlichen Studenten scheinen vor allem ein bisschen Angst zu haben. Jimmy Stewarts Tochter kommt sehr gut zurecht. Sie ist ein toller Mensch und hat vor gar nichts Angst. Ich wünschte nur, die 5 Studenten … wären mehr wie sie. Sie ist mit ihren täglichen Beobachtungen und getippten Zusammenfassungen immer auf dem Laufenden; beschwert sich nie – sie hat riesige, schlimme Blasen an den Füßen und muss, wie der Rest von uns, ohne Kerosin auskommen. Deshalb kann sie nicht kochen und hat nachts keine Lampe. Ich fürchte, wir werden alle recht dünn …

Die Zähler kamen eine Woche zu spät, da ihr Charterflug auf dem Flughafen von Kampala, Uganda, von General Amin aus Uganda »gekapert« wurde. Als die 5 Jungs endlich kamen, musste ich mit ihnen sofort über den Berg klettern und sie nach Zaire (früher Kongo) bringen, damit sie mit der Arbeit beginnen konnten. Ich brachte sie zu dem Ort, an dem ich mit meiner Gorillaarbeit anfing – KABARA –, und für mich war es eine sehr bewegende Reise. Ich fand zwei der alten Gruppen, mit denen ich gearbeitet hatte …

Die neue Regierung hier macht mir keine Probleme. Ich musste mich vorgestern in Kigali mit einigen neuen Ministern und deren Assistenten treffen … Wir verstanden uns alle sehr gut, da ich jetzt den hiesigen Dialekt spreche.

Viele liebe Grüße, Dian

Die Zählung, auf die sich Fossey in ihrem Brief bezieht, war dieselbe, die sie mit Unterbrechungen seit sechs Jahren durchführte. Groom, der im Jahr zuvor mit Harcourt in Karisoke gewesen war, kam zurück, um eine Gruppe von Zählern zu beaufsichtigen, da sich die

Gorillazählung ihrem Ende näherte. Er bemerkte bei Fossey eine starke Persönlichkeitsveränderung. Für ihn war sie immer eine starke und mutige Frau gewesen, doch jetzt waren ihre Launen unberechenbar. Drei der neuen Zähler gaben ihre Arbeit fast sofort wieder auf und verließen den Berg, ohne ein Wort zu sagen. Fossey brach in Tränen aus. Als Groom die Zählung zu Ende führte, fasste er die Ergebnisse in einer Tabelle zusammen und schätzte den Gorillabestand auf 278 Tiere. Fossey war anderer Meinung; sie bestand darauf, dass es nur 270 waren und weigerte sich, Groom zu bezahlen. Schließlich schickte sie ihm 200 von den 600 Dollar, die sie ihm schuldete.

Die Zählung ergab, dass ca. 100 Gorillas weniger im Forschungsgebiet waren als bei Schallers Schätzung im Jahr 1960. Solche Neuigkeiten waren für Fossey schwer zu ertragen; sie war die selbst ernannte Wächterin der Gorillas, und unter ihrer Obhut reduzierte sich der Bestand. Ihre Frustration und Wut wurden von den meisten ihrer Studenten geteilt, mit denen sie auch weiterhin arbeitete. Zusammen führten sie Patrouillen gegen die Wilderer durch, und wenn sie bewaffnet waren, schossen sie über die Rinder, die sie im Wald fanden. Ohne große Einmischung von außen konnte die Station in Karisoke nach ihren eigenen Regeln arbeiten, die immer unkonventioneller wurden.

Gegen Ende des Sommers ging Harcourt nach England zurück, um seine Doktorarbeit an der Cambridge University fortzusetzen. Stewart und Fossey waren zwei Monate allein im Lager und wurden gute Freundinnen.

OBEN Groom und Fossey untersuchen ein altes Silberrückennest auf dem Mount Sabinio.

UNTEN Fosseys Maßnahmen gegen die Wilderer und Rinderhirten wurden mit der Zeit immer härter. Es ging Fossey zwar gegen den Strich, unschuldigen Tieren Schaden zuzufügen, doch sie und ihre Helfer schossen, ohne zu zögern, über die Rinder, die sie im Wald fanden.

GEGENÜBER Hier wird deutlich, wie schwierig die Gorillabeobachtung in der dichten Vegetation war. Rafiki und Geezer gehen an Fossey vorbei, die halb verdeckt ist. Rafiki war einer von Fosseys frühen Lieblingen, und sein Tod (er starb 1974 an Lungenentzündung) ging ihr sehr nahe.

Im Oktober wurde der National-Geographic-Film fertig gestellt, und Fossey begab sich damit auf eine Vortragsreise quer durch die USA. Es folgten vier weitere Monate in Cambridge. Harcourt kehrte während Fosseys Abwesenheit nach Karisoke zurück, um sich mit Stewarts Hilfe um die Station zu kümmern. Im März 1974 schrieb Fossey ihren Eltern aus Cambridge. Sie arbeitete immer noch an ihrer Dissertation und war England nicht mehr gewogen als zuvor. Außerdem hatte sie eine beginnende Lungenentzündung.

Wollte euch nur sagen, dass ich mich hier immer noch 18 Stunden pro Tag mit meiner Arbeit über das Heranreifen des Gorillakindes bis zum Alter von 3 Jahren abmühe. Es ist eine ziemlich komplizierte Arbeit, gelinde gesagt ... Sie ist so kompliziert, dass ich jetzt schon eine Brille brauche, wenn ich nur durchs Zimmer gehe!

... England ist anscheinend ein sozialistischer Staat, und die Stunde für seinen totalen Untergang hat geschlagen.

Fossey kehrte im Mai nach Afrika zurück, musste sich aber erst einmal im Krankenhaus von Kigali von der Lungenentzündung erholen, die sie sich in London geholt hatte. Stewart war ebenfalls kurz in Cambridge, um an ihrer Dissertation zu arbeiten, kehrte jedoch vor Fossey zur Station zurück. Sie war auf Fosseys Gefühlsumschwung nicht vorbereitet. Aus irgendeinem Grund hatte Fossey während ihrer Abwesenheit eine tiefe Feindseligkeit gegenüber Harcourt entwickelt. Sie nahm an, dass die beiden Studenten eine Beziehung begonnen und sich jetzt gegen sie verschworen hätten, um ihr Karisoke wegzunehmen.

Stewart und Harcourt waren sich tatsächlich nahe gekommen; sie heirateten später. Auch hatte Harcourt die Station in Fosseys Abwesenheit tatsächlich sehr effizient und enthusiastisch geleitet. Vielleicht kam zu dieser Zeit ein gewisses Maß an beruflichem und privatem Neid ins Spiel: Zu sehen, dass die beiden jungen, aktiven Leute »ihre« Station mit großem Erfolg leiteten, muss für Fossey, die mit gesundheitlichen Problemen kämpfte und sich einsam und ausgeschlossen fühlte, schwierig gewesen sein.

Ironischerweise war der Silberrücken aus Gruppe 8, einer von Fosseys Lieblingsgorillas und »seit sieben Jahren ein Freund«, an Lungenentzündung gestorben, als Fossey an derselben Krankheit litt. Ihrem Onkel Bert schrieb sie:

Der alte Silberrücken Rafiki ist an Lungenentzündung gestorben. In deinem NATIONAL GEOGRAPHIC ist ein Bild von ihm. Du erinnerst dich, eines der silberfarbenen Tiere, das sich auf die Ellbogen stützt, während ich unterhalb von ihm stehe. Er war eines meiner Lieblingstiere, und ich werde ihn sehr vermissen.

Im Juni fiel Fossey hin und brach sich ein Bein, zögerte einen Krankenhausaufenthalt jedoch mehrere Wochen lang hinaus und wurde in dieser Zeit erneut von einer Giftspinne gebissen, was zu einer schlimmen Infektion an ihrem gesunden Bein führte. Humorvoll und ohne Selbstmitleid schrieb sie jedoch an Onkel Bert:

Rate mal, was ich am 8. Juni gemacht habe?? Ich habe mir einen der Unterschenkelknochen im rechten Bein – das Wadenbein – glatt durchgebrochen! Ich hatte einen Gast hier, und ungefähr um 5 Uhr nachmittags sah ich aus dem Wohnzimmerfenster und erblickte einen großen Waldbüffel mit Kalb, die gerade vorbeigingen. Natürlich wollte ich ihnen folgen, also rannte ich hinaus, sagte dem Gast noch, er solle auf den Abwassergraben achten, der das Haus umgibt … und fiel natürlich mit großem Krachen direkt hinein. Meine Güte, hat das wehgetan. Ich bin erst 3 Wochen später den Berg hinabgestiegen, und das mit 4 Afrikanern, die mich halb durch den Matsch trugen …

Das Krankenhaus in Ruhengeri … stellte fest, dass das Bein ziemlich gebrochen war … sie wollten, dass ich ein paar Tage blieb, aber ich musste einen Studenten [Richard Rombach] *abholen … etwa 2 Autostunden von hier, also bin ich gegangen … IRRE.*

Natürlich schonte Dian ihr Bein nicht, wie von ihrem Arzt, Peter Weiss, empfohlen. Ein paar Wochen später flog sie nach Wien zu einer Primatologenkonferenz. Dort wachte sie eines Morgens mit starken Schmerzen auf und wurde sofort ins Krankenhaus gefahren, wo die Ärzte die Knochen im Bein richten und das Bein eingipsen mussten. Von Wien aus flog Fossey nach London und weiter in die USA zu ihrer Familie. Bei jedem Auslandsaufenthalt setzte sich Fossey für die Erhaltung der Berggorillas ein. Ihr Ansehen wuchs zunehmend.

Auch ihre vielen Freunde, die in Ruanda lebten, hatten großen Respekt vor Fossey und waren sehr gastfreundlich, wenn sie vom Berg herunterkam. Später schilderten sie ihre Großzügigkeit, Freundlichkeit und ihren Witz. Trotzdem war Fosseys Ruf als sture, aggressive und undisziplinierte Frau des Waldes in gehobenen Kreisen sicherlich bekannt.

Zurück von ihrer Reise, organisierte der amerikanische Botschafter für Fossey eine Vorführung des National-Geographic-Films *Gorilla* für ausgewählte Freunde und Würdenträger, darunter den ruandischen Präsidenten und seine Minister. Fossey kam in schmutzigen Jeans und Stiefeln, zog sich jedoch auf der Toilette um und erschien in einem langen, fließenden Rock aus schwarzer Spitze und einem weißen Seidenhemd – vom Scheitel bis zur Sohle eine glamouröse, schöne Frau. Sie betörte alle mit ihrem Humor und ihrer Liebe zu den Gorillas. Rosamond Carr, die ebenfalls dort war, erinnerte sich später, wie sich die Veranstaltung von einem Moment zum anderen von einem Erfolg in eine Peinlichkeit verwandelte. Nach dem Film konnten die Zuschauer Fragen stellen, und das Thema einer geeigneten Bestrafung der Wilderer wurde angesprochen. Fossey erklärte, dass man alle Wilderer hängen sollte, und deutete mit den Händen um ihren Hals das Brechen des Halses an. Eine tödliche Stille lag über dem Raum.

Fossey entwickelte sich zu einer Frau mit zwei unterschiedlichen Gesichtern: einerseits faszinierend und charmant, andererseits schwierig, aggressiv und unerbittlich. Ihr Verhältnis zu Stewart und Harcourt wurde immer schlechter, und Fossey wandte sich oft gegen ihre Mitarbeiter im Lager oder bezahlte sie nicht, wenn sie mit ihrer Arbeit nicht zufrieden war.

Wissenschaftler, die viel Zeit mit Feldforschung verbringen und nur noch wenig mit Menschen zu tun haben, können anfällig für Persönlichkeitsveränderungen werden; sie fühlen sich isoliert und haben Angst vor dem Umgang mit anderen Menschen. Fossey erkannte dies und forderte ihre Studenten auf, regelmäßig den Berg zu verlassen, damit sie nicht zu »hinterwäldlerisch« wurden. Ob sie ihre eigene Persönlichkeitsveränderung erkannte, ist umstritten – ihr war jedoch bewusst, dass sie oft zu weit ging.

Wie immer bekamen die Gorillas die echte Dian Fossey zu sehen, und sie verbrachte Stunden mit Gruppe 4, insbesondere mit dem jungen Silberrücken Digit. 1974 war Digit zum zweithöchsten Mann von Gruppe 4 aufgestiegen und hatte die Rolle des Beobachters und Wächters inne. Fotos von ihm wurden für Plakate der ruandischen Touristenbehörde verwendet und trugen die verlockende Überschrift: »Come and Meet Him in Rwanda« (»Kommen Sie, und besuchen Sie ihn in Ruanda«).

UNTEN 1974 war Digit von einem Schwarzrücken zu einem jungen Silberrücken herangewachsen: Er war nun das zweithöchste Männchen der Gruppe 4 – und deren Wachposten.

Fosseys Beziehung zu den Gorillas war schon längst mehr als die zwischen Wissenschaftlerin und Forschungsobjekt. Sie suchte bei ihrer »Familie« Trost, wenn sie traurig war, sie spielte mit den Jungtieren und ließ sie auf ihrem Schoß sitzen. Die anspruchslose und kindliche soziale Interaktion mit den Gorillas war für Fossey wesentlich einfacher als die Komplexität menschlicher Beziehungen. Fosseys Aufzeichnungen hatten immer etwas Anekdotenhaftes und rückten das Verhalten der Gorillas in einen weiblichen und, so könnte man behaupten, anthropomorphen Blickwinkel. Ihre ständige Interaktion mit den Gorillas führte jedoch zu der Vermutung, dass sie deren Verhalten veränderte, anstatt es distanziert zu beobachten. Harcourt, der viele Stunden lang objektive, wissenschaftliche Feldforschung betrieb, wurde schnell zu einem anerkannten Berggorillaexperten. Er kritisierte Fosseys Ansatz und befürwortete stärker logisch, statistisch und objektiv ausgerichtete Methoden.

Am Ende des Sommers bereiteten sich Harcourt und Stewart auf ihre Abreise aus dem Lager vor. Beide gingen zurück nach Cambridge, um an ihrer Dissertation zu arbeiten. Harcourt ging zum letzten Mal durch den Wald, als er von einem Büffel angegriffen und

RECHTS Sandy Harcourt (hier links mit Groom und Fossey) hatte zwar eine viel versprechende Anfangszeit in der Forschungsstation, doch wurde der junge Mann Fosseys Methoden gegenüber – und sie seinen – immer kritischer.

RECHTS Fosseys Gewöhnung der Gorillas wurde von einigen Seiten kritisiert. Einige Kritiker glaubten, dass eine so intensive Interaktion, wie Fossey sie betrieb, das Verhalten der Gorillas beeinflusste und Studien ihrer Gewohnheiten bedeutungslos werden ließ.

aufgespießt wurde. Fossey pflegte ihn drei Tage und Nächte, bis er kräftig genug war, um ins Krankenhaus gebracht zu werden. Dort wurde er behandelt, bevor er nach Cambridge zurückkehrte. Fossey und der neue Student, Richard Rombach, waren allein in Karisoke.

Kurz darauf musste Rombach ebenfalls ins Krankenhaus, und Fossey brachte ihn nach Ruhengeri. Der Dienst habende Arzt war der Witwer Dr. Peter Weiss, der im Sommer Fosseys gebrochenes Bein behandelt hatte. Während Rombach zur Beobachtung im Krankenhaus blieb, lud der Arzt Dian zum Essen zu sich nach Hause ein – wo sie Weiss' afrikanische Lebensgefährtin Fina und seine fünf Kinder kennen lernte.

Ungeachtet der familiären Verpflichtungen begannen Fossey und Weiss eine Beziehung, die sie streng geheim hielten. Die beiden waren verliebt, und Fossey war ruhiger und zufriedener als in der ganzen Zeit nach der Trennung von Campbell. Im Frühjahr 1975 dachten Fossey und Weiss über eine Ehe nach. Fossey überlegte, Karisoke abzugeben und nach Ruhengeri zu Weiss zu ziehen. In einem Brief an ihre Eltern vom April 1975 erörterte Fossey zwar ihren Plan, einen Ersatz für die Station zu finden, erzählte ihnen jedoch nicht die ganze Wahrheit – sie erklärte, Weiss sei »geschieden«. Er und Fina waren zwar nicht verheiratet, lebten jedoch immer noch zusammen.

Peter hat 5 Kinder; die 2 jüngsten gehen zu ihrer Mutter, von der er geschieden ist, die drei älteren, 9, 12 und 13 … werden immer bei ihm bleiben, da ihre Mutter tot ist … Ich möchte, dass sie in Europa zur Schule gehen, da sie hier keine Möglichkeit haben, eine gute Ausbildung zu bekommen …

Ich gebe die Station und die Arbeit nicht auf, bis alles so perfekt wie möglich ist. Im Moment läuft zwar alles hervorragend, aber ich möchte im Voraus planen, damit für die Zukunft alles absolut sicher ist. Für Peter ist das zwar schwer zu verstehen, aber wir haben die Situation nach einigen Unstimmigkeiten endlich in den Griff bekommen. Wir müssen beide viele Kompromisse eingehen, damit alles klappt …

Er ist nach wie vor sehr aufmerksam und rücksichtsvoll zu mir; es macht ihm überhaupt nichts aus, um 21.00 Uhr den Berg hinaufzusteigen (wenn die Kinder im Bett sind) und am nächsten Morgen um 5.00 Uhr wieder hinunterzugehen …

Ich glaube, die beste Lösung für alles ist, dass ich die richtige Person oder das richtige Paar finde, um das Lager zu leiten, wenn ich weg bin. Ihr könnt euch nicht vorstellen, wie groß die Station geworden ist und wie viele Daten dort entstehen. Ich kann es selbst nicht glauben, und ich bin diejenige, die das alles ins Leben gerufen hat!

Muss aufhören – schreibe im »Vorgarten« und beobachte die Waldantilopen, die auf der Wiese neben der Hütte in der spätnachmittäglichen Sonne grasen … während alle möglichen Vögel … um meine Füße herumhüpfen. Die Vulkane zeichnen sich herrlich gegen den tiefblauen Himmel ab; das Moos und die Farne auf den riesigen Bäumen haben alle erdenklichen Grünschattierungen und wechseln in der leichten Brise sanft die Farbe. Es muss wahrhaftig einer der schönsten Plätze der Erde sein, vor allem an einem Tag wie diesem.

Die Affäre ging zwar weiter, doch wurden keine verbindlichen Vereinbarungen für das Zusammenleben getroffen. Im September kehrte Weiss von einem vierwöchigen Urlaub zurück, und Fossey holte ihn am Flughafen ab. Sie fuhren zurück nach Ruhengeri, wo Fina, die noch immer bei Weiss lebte, die beiden überraschte. Fossey schrieb ihren Eltern zwar, was dann passierte, erwähnte indes nicht, dass die Person, von der sie angegriffen wurde, Weiss' Lebensgefährtin war.

OBEN Trotz aller Entbehrungen liebte Fossey das Leben auf dem Berg und war nirgendwo sonst glücklich. Die Schönheit der Umgebung war ein immer wiederkehrendes Thema in den Briefen an ihre Eltern.

Ich hatte vor ca. 2 Wochen einen kleinen Zusammenstoß. Man schlug mit einem Knüppel nach mir – ich rannte sehr ungraziös wie eine Wilde, da es so unerwartet kam; dann machte man alle Fenster, die Seitenspiegel und das Rücklicht an meinem VW kaputt; fragt nicht, warum die Scheinwerfer verschont blieben. Das war nicht besonders nett! Der Täter ist im Gefängnis und muss für den Schaden aufkommen. Da hatte ich wirklich Glück.

Im November brannte eine zweite Hütte in Karisoke ab (die erste war ein paar Monate zuvor von einem Botaniker, der seine Proben trocknete, niedergebrannt worden), wobei

OBEN Fossey wäscht einen Gorillaschädel, der auf dem Mount Sabinio gefunden wurde, im Bach in der Nähe ihres Lagers.

Stewarts Daten verloren gingen. Mit Fosseys Stimmung ging es wieder einmal bergab. Sie liebte Weiss, erkannte aber allmählich, dass er sie zwar auch liebte, jedoch unfähig war, die Bindung einzugehen, die sie suchte; er war immer noch mit Fina zusammen. Fossey begann stark zu trinken. Sie war einsam und nicht in der Lage, an ihrer Dissertation zu arbeiten.

Als Fossey an ihren Onkel Bert schrieb, der alt und krank war, bemühte sie sich um einen fröhlichen Tonfall. Sie beschrieb das »tolle Wetter« und dass »die Sonne fast den ganzen Tag scheint« sowie die Schönheit ihrer Umgebung. Sie wollte unbedingt, dass ihre Familie zu Hause glaubte, sie sei erfolgreich und zufrieden. Es war Heiligabend 1975.

In Bezug auf die Gorillas und die Station läuft hier alles gut. Ich habe vorläufig keine verrückten Studenten mehr, die die Hütten niederbrennen. Ich glaube, deshalb ist alles viel ruhiger und so schön still …

Es ist zwar nicht schön formuliert, aber es sind die Kleinigkeiten, die zählen – ein sonniger Morgen oder ein herrlicher Sonnenuntergang. Ich sehe jetzt, da ich mich von meinem gebrochenen Bein erholt habe und so oft zu den Gorillas gehe, jeden Tag etwas Neues im Wald. Ich frage mich, wie ich all das zuvor übersehen konnte. Tja, ich werde noch Schimmel ansetzen, wenn ich viel länger ohne Urlaub bleibe … Genau wie ihr glaube ich, dass ich das bequemste Bett der Welt habe. Ich liebe mein Zuhause und meine Haustiere (die ganzen 400 Pfund!), und ich hasse es, wegzufahren, sollte es aber ab und zu tun.

Weihnachten verlief erstaunlich positiv; es waren keine Studenten da, nur Fossey und ihre Bediensteten mit ihren Familien. Fossey hatte für alle Bananenbier, reichliches Essen und Geschenke. Sie beschrieb ihren Eltern den Tag:

Ich wünschte, ihr hättet hier sein können … Ich hatte insgesamt 48 [Leute] *hier!!!!! Was hatten sie für einen Spaß, aber alle waren einfach nur glücklich – nicht unzivilisiert oder habgierig. Zur Krönung des Tages tanzten sie sich die Seele aus dem Leib …*

Als sich der Nebel etwas lichtete, machte ich draußen Fotos von ihnen. Zwei von ihnen hassten mich, und ich konnte sie nicht zum Lachen bringen, obwohl ich mich fast auf den Kopf stellte … Anschließend aßen sie und aßen und aßen … Sie sagten mir, sie hätten ein Geschenk für mich. Es war wunderschön und dauerte über eine Stunde. Sie hatten sich Lieder ausgedacht … ein Mann nahm meine … Trommel, und ein Holzsammler … begann zu tanzen und spielte auf einem selbst gemachten Banjo … Die Frauen sangen und klatschten; dann begannen die Frauen zu tanzen – meine Güte, so etwas habe ich noch nie, nie, nie gesehen …

Ich wurde gar nicht damit fertig; hörte immer noch »Mlle. Dian« und Beifallsrufe oder dergleichen – habe nicht ein Wort davon verstanden … es übertraf meine kühnsten Erwartungen!

Das Glück war jedoch nur von kurzer Dauer. Anfang 1976 verletzte sich Fossey am Arm und hatte starke Schmerzen, die sie mit Alkohol

UNTEN Nemeye facht das Feuer an, um Wasser heiß zu machen. Trotz ihrer treuen Dienste für ihre manchmal schwierige Arbeitgeberin traute Fossey den einheimischen Männern, die für sie arbeiteten, nie ganz und fühlte sich in ihrer Gegenwart auch nie richtig wohl.

VORHERGEHENDE SEITE
Fosseys angegriffene Lunge machte es ihr besonders schwer, in großer Höhe Gorillas zu suchen. Hier ruht sie sich in 3 350 Meter Höhe auf dem Sabinio aus und sucht die Gegend nach Anzeichen für Gorillas ab.

und Schmerzmitteln betäubte. Sie mühte sich weiter mit ihrer Doktorarbeit ab, und ihre Beziehung zu Weiss schleppte sich dahin. Fossey war erschöpft, wie sie ihren Eltern schrieb.

Ich gehe jetzt fast jeden Tag zu den Gorillas und finde es sehr anstrengend, wenn sie über eineinhalb Stunden vom Lager entfernt sind. Neulich kam ich um ca. 16.30 Uhr nach Hause, erledigte bis 18.30 Uhr ein paar Dinge und legte mich für nur »einen Moment« hin. Ich wachte am nächsten Morgen um 7.30 Uhr auf! Alles, woran ich mit etwas Genuss denken kann, ist schlafen, schlafen, schlafen. Es ist wirklich eine Schande.

Zeit mit den Gorillas zu verbringen war nach wie vor eine von Fosseys Lieblingsbeschäftigungen. Ihre Anwesenheit wurde von Gruppe 4 akzeptiert, und sie begann sogar damit, »gestellte« Fotos mit Requisiten von ihnen zu machen.

Hier läuft alles gut, vor allem mit den Gorillas. Außerdem habe ich auch eine Menge wissenschaftliche Scheiße fertig gestellt – Berichte und Buchkapitel – und kann wie früher jeden Tag in die Berge gehen …

Das NATIONAL GEOGRAPHIC will eine neue Story, also mache ich viele Fotos dafür. Die Gorillas sind jetzt so an mich gewöhnt, dass ich sie ganz leicht »in Pose setzen« kann. Ich habe Bilder von ihnen beim »Lesen« des N.G. gemacht und wie sie mich mit dem Teleobjektiv »fotografierten« – es hat Spaß gemacht.

Im Mai trat Fossey eine weitere Auslandsreise an und erhielt ihren Doktortitel von der Cambridge University: Sie war nun Dr. Fossey. Anschließend flog sie in die USA zu einem Symposium über Primaten und um ihre Eltern zu besuchen. In Washington traf sie sich mit ihren Sponsoren bei der National Geographic Society. Im Juni kehrte sie nach Karisoke zurück und beschrieb ihre Ankunft in einem Brief an ihren Onkel Bert.

Die Gorillas haben mir einen tollen Empfang bereitet, eigentlich zu toll. Ein 6 Jahre altes Männchen (nicht klein) rannte auf mich zu und purzelte den Hang hinab, als er mich sah, schlug mir auf den Rücken, zog an meinem Rucksack und setzte sich dann neben mich und begann, an meinem Bein zu nagen! Na, was ist das für eine Begrüßung!

Obwohl er einfach glücklich war und so sanft, wie er nur konnte, musste ich angesichts seiner Mimik und Lautäußerungen einfach an seine großen Reißzähne denken. Er wollte

die Kamera und das Objektiv zum Spielen und wurde bei seiner »Bitte« etwas grob, sodass ich alles im Rucksack verstecken musste, bis er wegging, um mit denjenigen zu spielen, deren Größe – und Farbe – der seinen entsprachen. Gestern kam sein Papa, wohlgemerkt ein GROSSER *Papa, zu mir gerannt, um mir eine Menge Laub auf den Kopf zu werfen. Dann stolzierte er zu seinem alten Sitzplatz zurück, der ca. 1,50 m entfernt war und gab meinem Rucksack auf dem Weg einen kleinen Seitentritt mit dem Hinterbein. Er machte ein furchtbar komisches Gesicht, als ob er sagen wollte: »Na, ich bin vielleicht einer!«*

OBEN 1976 waren die Gorillas der Forschungsgruppen in Gesellschaft ihrer Beobachter sehr entspannt. Hier döst Flossie aus Gruppe 4 in ihrem Tagnest, während ihre Tochter Cleo zu ihren Füßen spielt.

LINKS Ein seltenes Foto von einem wirklich wilden und nicht habituierten Silberrückengorilla; seine starrenden Augen und zusammengepressten Lippen unterscheiden sich stark von dem entspannten Gesichtsausdruck der Gorillas aus den Studiengruppen.

Zahlreiche viel versprechende Studenten schrieben Fossey und baten sie um Erlaubnis, nach Karisoke zu kommen. Gerade hatte sie einen solchen Brief von einem jungen Engländer, Ian Redmond, erhalten. In ihrer Antwort redete Fossey Klartext.

Ruanda, Juli 1976

Sehr geehrter Mr. Redmond,

Sie schreiben einen schönen Brief, okay, wenn Sie wirklich »Begeisterung und eine große Liebe zur Natur« empfinden, können Sie hier arbeiten. Ich habe weder Interesse an Ihren früheren Reisen noch an Ihren »wissenschaftlichen« Qualifikationen. Sie schreiben, dass sie »ein ziemliches Multitalent mit einem großen Wunsch, Gorillas zu studieren« sind. Wenn das stimmt, können Sie gerne in dieses Lager kommen.

Ich kann Ihnen so viel sagen – die Einsamkeit, der Mangel an gutem Essen, das furchtbare Wetter etc. (Schreibarbeit, Erschöpfung) hat 15 von 18 Studenten fertig gemacht. Die drei, die es geschafft haben, liebten es wegen des Geschenks, mit den Gorillas zusammenzusein. Die anderen 15 Studenten hatten irgendwelche Komplexe und kamen mit der Arbeit nicht zurecht. Was mich betrifft, sind die Gorillas die Belohnung, und man kann sich nichts Besseres wünschen als ihr Vertrauen nach jedem Arbeitstag.

Es gibt hier verdammt viel zu tun. Ich muss täglich Kontakt zu einer von 4 Gruppen im Umkreis von 4 km vom Lager aufnehmen und am selben Abend eine Zusammenfassung jedes Kontaktes schreiben. Außerdem müssen mindestens einmal pro Woche außerhalb des unmittelbaren Arbeitsgebietes Patrouillen gegen Wilderer durchgeführt werden. Darüber hinaus gibt es die Zählung … die alle 6 bis 12 Monate durchgeführt werden sollte …

Mit freundlichen Grüßen,
Dian Fossey

P.S. Sie kochen selbst!

Ian Redmond kam pünktlich im November nach Karisoke – kurz nach Kelly Stewart, die im Oktober aus Cambridge zurückgekehrt war. Redmond setzte die Arbeit an den Endoparasiten der Gorillas fort, die ein anderer Student, Ric Elliott, begonnen hatte. Fossey nannte Redmond liebevoll »Wurmjunge«, da er zweifellos ihr Lieblingsstudent wurde. Er liebte die Natur, engagierte sich für seine Forschung und den aktiven Naturschutz und, was am wichtigsten war, beschwerte sich nie über die Entbehrungen in den Virungas. Er schien sogar Vergnügen daran zu haben.

Das Weihnachtsfest dieses Jahres stand in einem starken Gegensatz zu Fosseys gelungenem Fest von 1976. Obwohl sie Peter Weiss seit ihrer Rückkehr aus dem Ausland kaum gesehen hatte, nahm Fossey seine Einladung an, Weihnachten mit ihm zu verbringen. Es war keine gute Zeit; ihre Liebesaffäre war definitiv vorbei. Fossey kehrte mit Geschenken für Stewart und Redmond zur Station zurück und organisierte die Weihnachtsparty für die afrikanischen Mitarbeiter, was ihre Stimmung etwas aufhellte.

Der Tod von Digit

OBEN Silberrücken-Anführer wie Uncle Bert kämpften bis zum Tod, um die jüngeren Gorillas und die Weibchen vor Jägern und Wilderern zu schützen.

Das neue Jahr begann feucht. Fossey litt an einem Emphysem, und ihre geschädigte Lunge verkraftete die Märsche durch den kalten Nebel nicht, der über dem Wald hing. Schon bald musste sie in ihrer Hütte bleiben und mit einem weiteren Anfall von Lungenentzündung kämpfen. Sie widmete sich der Schreibarbeit und verfasste Entwürfe für ihr Buch *Gorillas im Nebel*. Redmond und Stewart setzten die Forschungsarbeit und Patrouillen gegen die Wilderer fort.

RECHTS Die Drahtschlingen der Wilderer konnten erwachsene Gorillas verstümmeln. Für jüngere Gorillas, die nicht genug Kraft hatten, sich daraus zu befreien, bedeuteten sie unter Umständen den Tod.

Nach einer kurzen Pause hatten die Wilderer versucht, ihr Territorium zurückzuerobern. Redmond und die Fährtenleser »Big« Nemeye, »Little« Nemeye, Rwelekana und Vatiri marschierten im endlosen Regen durch den Wald, zerschnitten Schlingen und zerstörten Fallen.

Von den Wilderern ging eine doppelte Gefahr aus. In den Drahtschlingen, die sie zum Fang kleiner Waldsäugetiere, z. B. Antilopen, auslegten, verfingen sich auch Gorillas, und der einschnürende Draht am Hand- oder Fußgelenk verursachte oft Infektionen und Wundbrand. Manchmal fiel die entzündete Gliedmaße ab, sodass der Gorilla für sein restliches Leben verstümmelt war. Im schlimmsten Fall breitete sich die Infektion aus, und der Gorilla starb.

Die zweite Gefahr, die von den Schlingen ausging, war unmittelbarer: Beim Auslegen konnte es passieren, dass die Wilderer eine Gorillafamilie störten. Der Silberrücken schützte seine Familie, indem er den Eindringling angriff, der sich dann wahrscheinlich mit seiner Machete verteidigte.

Fossey konnte die Patrouillen nicht begleiten, verbrachte jedoch Zeit mit Gruppe 4 und 5, wenn sie sich kräftig genug fühlte. Die afrikanischen Mitarbeiter wurden ebenfalls in die wissenschaftliche Forschung einbezogen. Sie sammelten Daten für Fossey und Gorillakot für Redmonds Untersuchungen. Seine Studie über Endoparasiten

UNTEN Fährtenleser Vatiri untersucht das Schlafnest eines Silberrückens.

der Gorillas lief neben seiner aktiven Naturschutzarbeit, und wie Fossey war er entschlossen, die Gorillas zu retten und nicht nur Daten über eine aussterbende Tierart zu sammeln.

Die Parkaufseher, deren Pflicht es war, die Aktivitäten der Wilderer und Hirten zu verhindern, waren völlig nutzlos. Sie bekamen eine Prämie für jeden Wilderer, den sie fingen, stellten dieses System jedoch bald auf den Kopf: Sie arrangierten es, den Wilderer zu »fangen«, kassierten die Prämie, ließen ihn dann wieder frei und teilten das Geld mit ihm. Dieser Betrug bestärkte Fossey in ihrem Glauben, dass die Berggorillas allein durch ihre Bemühungen geschützt wurden.

Im April kehrte Stewart nach England zurück, um die Hochzeit mit Harcourt vorzubereiten. Fossey und Redmond kümmerten sich um Karisoke, wie immer mit Hilfe von Kanyaragana und Basili, den unentbehrlichen »Hausangestellten« des Lagers.

Fossey und Redmond aßen nur selten zusammen und sahen sich manchmal tagelang nicht, sondern korrespondierten über Notizen:

30. April 1977, Nachmittag

Lieber Ian,

… Kann gut verstehen, warum du keine Kraftreserven mehr hast, um die ganze Nacht wach zu bleiben – ich habe das ständig gemacht und mir nichts dabei gedacht und konnte nicht verstehen, wie man hier vor Mitternacht ins Bett gehen konnte! Tja, seitdem hat sich einiges verändert. Die Höhe ist genauso anstrengend wie die Arbeit. Außerdem finde ich, du solltest auf Urlaub ins Tal gehen … Man wird durch die niedrigere Höhe, das Essen und vor allem Gesellschaft zu neuem Leben erweckt, und es macht dir bestimmt keinen Spaß nur mit dem Fossil hier oben …

Hoffe, du hattest heute einen guten Kontakt mit Gruppe 4 und dass sie nicht zu weit weg ist. Viel Interessantes mit Gruppe 5, u. a. glaube ich, dass Liza trächtig ist!!! Ich muss die Notizen überprüfen, aber ich gebe ihr ca. 4 Monate, vielleicht 3 …

Dian

Ende Mai kamen die renommierten Filmemacher Genny und Warren Garst nach Karisoke, um einen Film für eine bekannte amerikanische TV-Serie, Mutual of Omaha's *Wild Kingdom*, zu drehen. Ihre Anwesenheit vertrieb die Schwermut und brachte das

OBEN Fossey sammelt geflochtene Schlingen und Drahtschlingen der Wilderer ein, nachdem sie mehrere Fallen zerstört hat.

»neue Leben« ins Lager, das Fosseys Meinung nach nötig war, wie sie am 17. Juni 1977 ihrem Onkel Bert schrieb.

So, der Wild-Kingdom-Fotograf und seine Frau, die den Ton macht, sind jetzt hier … und es macht Spaß mit ihnen. Sie haben vor, zwei Folgen zu drehen … bleiben also wahrscheinlich länger als den geplanten Monat …

Leider sind die Gorillas ziemlich weit von der Station entfernt, was für die beiden viel zusätzliche Arbeit bedeutet … Wir treffen auf viele Fallen, da die Wilderer nicht damit rechnen, dass wir so weit weg vom Lager sind. Vorgestern fanden wir eine tote Antilope in einer Falle und ein paar Minuten später eine lebende, die wir unverletzt freilassen konnten. Das war ein gutes Gefühl.

Hatte kurze Zeit einen neuen Studenten hier oben, bevor die Wild-Kingdom-Leute kamen, aber er blieb nur 4 Tage und kündigte dann! … Ich war sehr enttäuscht.

Im Juli bekam Fossey in ihrer Hütte regelmäßig Besuch von Riesenratten. Sie versuchte, sie zu fotografieren, indem sie sich aus dem Fenster lehnte, verlor dabei jedoch das Gleichgewicht und fiel. Obwohl sie es zunächst nicht bemerkte, zog sie sich bei dem Sturz eine gesplitterte Rippe und einen Knorpelriss im Brustkorb zu.

Die Garsts waren fast fertig mit ihrem Film, als das Wetter umschlug; dunkle Wolken und Regen statt Sonnenschein. Wieder legte sich Schwermut über Karisoke. Fossey hatte Mühe, die Garsts zu den Gorillas zu bringen, da sie neue, aber ständige Schmerzen in der linken Hüfte sowie die Schmerzen in der Brust von ihrem Sturz hatte. Außerdem hörte sie, dass Peter Weiss am 1. Juli seine Lebensgefährtin Fina geheiratet hatte.

UNTEN Ein Brief von Fossey an ihren geliebten Onkel Bert – geschrieben auf Briefpapier der Karisoke-Forschungsstation.

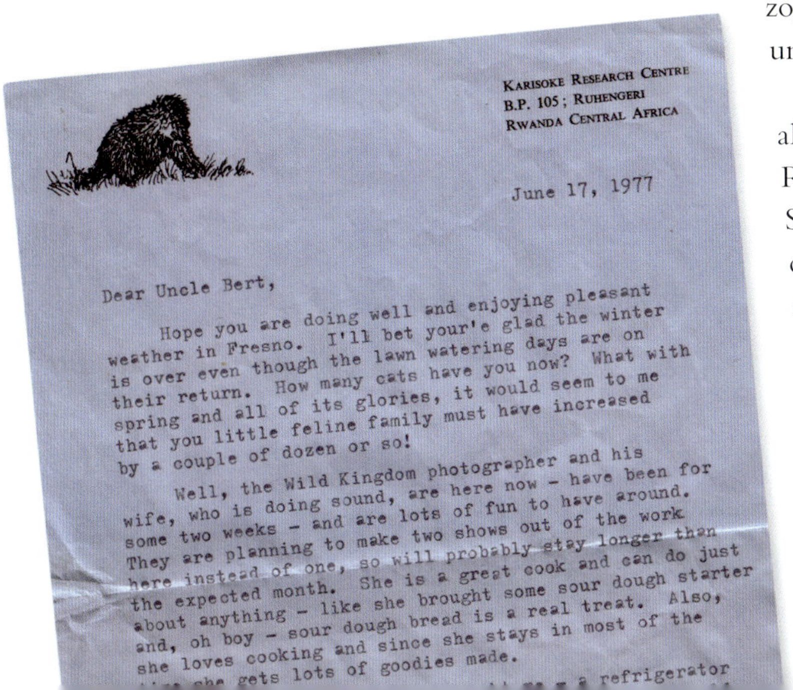

KARISOKE RESEARCH CENTRE
B.P. 105; RUHENGERI
RWANDA CENTRAL AFRICA

June 17, 1977

Dear Uncle Bert,

Hope you are doing well and enjoying pleasant weather in Fresno. I'll bet your'e glad the winter is over even though the lawn watering days are on their return. How many cats have you now? What with spring and all of its glories, it would seem to me that you little feline family must have increased by a couple of dozen or so!

Well, the Wild Kingdom photographer and his wife, who is doing sound, are here now - have been for some two weeks - and are lots of fun to have around. They are planning to make two shows out of the work here instead of one, so will probably stay longer than the expected month. She is a great cook and can do just about anything - like she brought some sour dough starter and, oh boy - sour dough bread is a real treat. Also, she loves cooking and since she stays in most of the she gets lots of goodies made.

refrigerator

OBEN Nach einem Hagelschauer, eine Szene häuslichen Friedens: Fossey in der Tür ihrer zweiten Hütte mit ihren Hühnern im Vordergrund.

Fossey versank in Niedergeschlagenheit, und ihre düstere Stimmung wurde durch die Schmerzen in der Brust noch verschlimmert. Da sie nicht wusste, dass sie sich bei ihrem Fenstersturz eine Rippe gebrochen hatte, schrieb sie die Schmerzen Tuberkulose oder Krebs zu und war wie eine Besessene mit Aufräumen und ihren Aufzeichnungen beschäftigt. Fossey bereitete sich vor, falls die neueste »Krankheit« tödlich sein sollte, und verbrannte viele persönliche Papiere, Briefe und Aufzeichnungen, die niemand sehen sollte.

Im August ging Fossey endlich ins Krankenhaus in Ruhengeri, wo die Ärzte eine Entzündung des Hüftgelenks feststellten. Eine Röntgenaufnahme der Lunge brachte jedoch kein Ergebnis, und man riet ihr zu einer ärztlichen Behandlung im Ausland. Zum Glück hatte Fossey eine Einladung zu einer Anthropologentagung in Deutschland. Von dort aus konnte sie nach Belgien reisen, um einen belgischen Arzt zu konsultieren, der in Ruanda gearbeitet hatte.

Aber wo auch immer Fossey gerade war – ihre Gedanken drehten sich stets um Karisoke.

Hamburg, 21. September 1977

Lieber Ian,

in 3 Stunden muss ich hier in der Hamburger-stein-kraut-merde-Scheißstadt den »großen Vortrag« halten. Ich wusste, dass ich die Stadt nicht mögen würde, und so ist es auch. Das nenne ich Weltoffenheit …

Natürlich denke ich fast nur an die Station – vor allem, wie du mit all »deinen« neuen Studenten, meiner Kima, den Touristen und Cindy zurechtkommst. Ich mache mir Sorgen, dass du allein die Schreibarbeit nicht schaffst oder es von anderen nicht verlangst. Bitte tu einfach so, als sei das Fossil immer noch in seinem Mausoleum, bereit, sich auf alle Leute zu stürzen, die ihre Schreibarbeit nicht pünktlich erledigen.

Bitte unterhalte dich nicht so viel mit anderen Leuten, dass die Arbeitsergebnisse darunter leiden. Ich weiß, wie gern du redest – ad nauseam (!); ich manchmal auch, aber die einzigen bleibenden Ergebnisse sind die auf Papier – Wörter kommen und gehen …

Iss gut, pass auf dich auf, verwöhne die neuen Studenten nicht, bürste Kima und brenne mein Haus nicht ab. Danke, dass du dich in meiner Abwesenheit um das Lager kümmerst.

Liebe Grüße,
das Fossil

Die Ärzte in Brüssel stellten fest, dass Fosseys Schmerzen von der gesplitterten Rippe verursacht wurden, da Knochensplitter in die Brusthöhle gelangt waren. In einem Lungenflügel hatte sich Flüssigkeit angesammelt, und Fossey hatte Hepatitis. Die Ärzte planten eine Operation der Brusthöhle, und Fossey schrieb an Redmond:

Morgen um 16.00 Uhr Treffen mit dem Chirurgen, um die Einweisung ins Krankenhaus zu planen, erwarte aber nicht, lange dort zu bleiben, und kann die Fäden selbst ziehen. Habe vergessen zu erwähnen, dass wir heute Nachmittag im Museum für Zentralafrika in Brüssel waren – 19 Berggorillaexemplare, sowohl ausgestopft als auch als Skelette. Es war schrecklich. In einem Glaskasten waren 10 Tiere im Alter von Uncle Bert bis zu Poppy, und alle starrten den »Besucher« in Drohhaltung mit offenem Mund wütend an. Ich stand eine Stunde lang da und beobachtete die Leute, die ehrfürchtig die Gorillas anschauten.

Nach der Operation wurde Fossey angewiesen, sich zu schonen. Im Oktober flog sie entgegen dem ärztlichen Rat in die USA. Von Washington aus, wo sie ihre National-Geographic-Sponsoren traf, schrieb sie Redmond.

Bin gestern Abend in Washington angekommen – ein ziemlich hoffnungsloser Fall mit aufplatzenden Nähten etc., und bei meiner Ankunft beim N.G. fand ich deinen Brief vom 27. September und einige andere vor … Ich bin dir wirklich dankbar für deinen Brief und für jede Einzelheit über das Lager. du kannst dir nicht vorstellen, was er mir bedeutet hat, und er klingt, als würdest du hervorragende Arbeit leisten.

Übrigens sage ich nichts mehr, wenn ihre [die Lagermitarbeiter] *Freunde/Verwandten sterben und sie deshalb zu spät zur Arbeit kommen, da ich denke, dass sie das unter sich ausmachen. Einmal explodierte ich vor Wut, als Vatiris Mutter zum zweiten oder dritten Mal*

GEGENÜBER Digit wurde brutal getötet, während er seine Familie verteidigte und ihr so die Flucht ermöglichte.

gestorben war! Basili hat dich also wahrscheinlich auf den Arm genommen, aber denke daran, dass du jetzt der Chef bist, damit sie dich nicht nur mögen, sondern auch respektieren.

Fosseys letzte Station in den USA war Chicago, wo sie einen Tag mit Post-Production-Arbeit an dem *Wild-Kingdom*-Film der Garsts verbrachte. Anschließend traf sie sich mit drei potenziellen Forschern für Karisoke, David Watts, Bill Weber und Amy Vedder, und vereinbarte mit allen dreien im neuen Jahr Besuche in Karisoke.

AM 1. JANUAR 1978 bereitete Fossey die Station auf die Ankunft des britischen Naturforschers und Moderators David Attenborough vor, der ein BBC-Filmteam für seine bahnbrechende neue Serie *Life on Earth* nach Karisoke mitbrachte. Nemeye war Gruppe 4 auf der Spur, fand aber nur eine Menge Blut auf den Pfaden sowie Durchfallkot – ein Zeichen, dass die Gorillas die Pfade in großer Verzweiflung verlassen hatten. Am nächsten Tag machten sich Fossey, Redmond, Kanyaragana und Nemeye auf die Suche nach Gruppe 4, das Schlimmste befürchtend. Es war Redmond, der Digits Leiche fand; Kopf und Hände abgehackt, der Körper voller Speerwunden. Redmond eilte zu Fossey, um ihr die Nachricht zu überbringen, und in der Hoffnung, ihr den grausigen Anblick zu ersparen. In *Gorillas im Nebel* schrieb Fossey über diesen Moment:

UNTEN Der Tod des jungen Silberrückens – Dians Liebling – stürzte sie in tiefe Verzweiflung.

Es gibt Augenblicke, in denen man die Tatsachen nicht akzeptieren kann aus Angst, daran zu Grunde zu gehen. Während ich Ians Bericht hörte, ging mir Digits ganzes Leben seit unserer ersten Begegnung vor zehn Jahren, als er noch ein verspieltes schwarzes Wollknäuel war, durch den Kopf. Seit diesem Augenblick lebe ich in einem abgekapselten Teil meiner selbst.

Fossey glaubte, dass Digit getötet wurde, als er seine Familie beschützte. Schlingen bewiesen, dass Wilderer in der Gegend waren, und wenn sie zufällig auf Gruppe 4 gestoßen waren, wären sie mit Digit als Wachposten der Gruppe konfrontiert worden. Während Digit fünf Speerwunden am Körper erlitt, floh seine Familie – einschließlich seines trächtigen Weibchens Simba – zu den höher gelegenen Visokehängen. Er hatte seine Pflicht erfüllt.

Als die Gorillas von Gruppe 4 später im Jahr von weiteren Katastrophen heimgesucht wurden, behaupteten Fosseys Kritiker, dass Digits Tod ihre Schuld gewesen sei – eine Vergeltung für ihre Einmischung in das Leben der einheimischen ruandischen Bevölkerung. Redmond unterstützte jedoch Fosseys Ansicht; er wies darauf hin, dass die Mörder des jungen Silberrückens zum Zeitpunkt des Angriffs eindeutig Fallen legten, und dass er und Nemeye Digits verstümmelte Leiche fanden, als sie den Fallen folgten.

Als der erste Schock vorüber war, begann für Fossey eine lange Trauerphase. Sie hatte Digit geliebt und hatte viele wertvolle Erinnerungen an die Zeit mit ihm – an das gegenseitige Vertrauen, die Zuverlässigkeit und Kameradschaft, die sie bei den Menschen nicht fand. Redmond schlug vor, Digits Tod zu nutzen, um die Welt auf die Gorillas aufmerksam zu machen, die stärker vom Aussterben bedroht waren als je zuvor. Fossey zögerte zunächst, erkannte dann aber, dass Digits Tod vielleicht nicht umsonst war.

Als Attenborough nach Karisoke kam, stellte er sich Fossey vor, die erneut mit Lungenentzündung im Bett lag. Später berichtete er, dass ein blutbeflecktes Taschentuch auf ihrem Nachttisch gelegen habe, als sie ihm mit »glühender Leidenschaft« von Digits Ermordung und den Gefahren für die restlichen Berggorillas erzählte.

Mehrere Tage lang wurde das Filmteam zu den Gruppen 4 und 5 gebracht. Auf einer kleinen Lichtung aus platt getretenem Gras setzte sich Attenborough neben ein großes Gorillaweibchen und erklärte kurz und bündig in die Kamera, warum es wichtig war, die Gorillas zu schützen: »Es liegt eine tiefere Bedeutung und mehr Verständnis darin, mit einem Gorilla Blicke auszutauschen, als mit jedem anderen mir bekannten Tier«.

Fosseys und Redmonds Pläne für ihre Spendenaktion nahmen Gestalt an. Die Wohltätigkeitsorganisation sollte »The Digit Fund« heißen und das Ziel haben, Geld für die Patrouillen gegen die Wilderer zu beschaffen. Fossey war darauf bedacht, dass keine Gelder in die ruandische Bürokratie flossen. Die zuständige Behörde für die Einhaltung der Parkgrenzen war ORTPN, das Ministerium, das auch die unfähigen Parkaufseher anstellte. Fossey erkannte zwar, dass die ruandische Regierung in den Digit Fund einbezogen werden sollte, glaubte aber nicht daran, dass sie das Geld zur Verhinderung der Wildereraktivitäten in den Virungas ausgeben würde. Sie wollte die Patrouillen selbst kontrollieren.

Am 3. Februar 1978 gab der amerikanische Nachrichtensprecher Walter Cronkite Digits Tod in den CBS-Nachrichten bekannt. Der größte Teil der Zuschauer wusste, wer Digit war: Millionen von Menschen hatten den National-Geographic-Film mit dem

LINKS Fossey organisiert die Wildererpatrouillen, die vom Digit Fund finanziell unterstützt wurden.

jungen Silberrücken gesehen. In Großbritannien und anderen Ländern machte die Nachricht ebenfalls Schlagzeilen. Die ganze Welt blickte auf das winzige afrikanische Land Ruanda und seine berühmten Primaten. Die »Flora and Fauna Preservation Society« rief das »Mountain Gorilla Project (U.K.)« ins Leben, um Fosseys Arbeit zu unterstützen.

Fossey musste den Digit Fund vorantreiben und fuhr deswegen Ende Januar nach Kigali. Zwei neue Studenten kamen nach Karisoke: Amy Vedder und Bill Weber. Das junge Paar hatte Fossey im Jahr zuvor in Chicago kennen gelernt und kam mit mehrjähriger Erfahrung als Lehrer und Naturschützer in Afrika zur Station. Weber wollte mit der nächsten Zählung beginnen, und Vedder hoffte auf eine Erforschung des Gorillaverhaltens mit Gruppe 5 – eine Aufgabe, die von den Touristen erschwert wurde. Das ORTPN hatte beschlossen, die Einnahmen des Parks zu erhöhen, indem es Touristen gestattete, Gruppe 5 zu besuchen. Ohne angemessene Aufsicht bzw. Kontrollen wurde der florierende Tourismus jedoch sowohl für die Forscher als auch für die Gorillas zu einem Ärgernis. Mitte Februar drangen Gerüchte über einen jungen Gorilla zur Station vor, der angeblich Wilderern abgenommen worden war und in Zaire festgehalten wurde. Vedder und Weber (die Fossey »das V-W-Paar« nannte) wurden nach Rumangabo im zairischen Teil der Virungas geschickt, um das Tier zwecks medizinischer Betreuung nach Karisoke zu holen.

Das Weibchen, Mweza, war ca. vier Jahre alt und wegen einer infizierten Schlingenverletzung in schlechter Verfassung. Ein paar Wochen später, am 28. März, starb Mweza. Fossey schrieb in ihr Tagebuch, dass sich die Infektion stark ausgebreitet und der Gorilla zudem eine schwere Lungenentzündung hatte. Sie behauptete, sie habe mit einer Freundin, einer hiesigen Leprachirurgin, vereinbart, ins Lager zu kommen und Mwezas Bein zu amputieren, doch diese habe den Besuch im letzten Moment verschoben. Vedder und Weber haben den Vorfall anders in Erinnerung. In ihrem Buch *In the Kingdom of Gorillas* behaupten sie, Fossey habe ihnen nicht erlaubt, den Gorilla ins Krankenhaus von Ruhengeri zu bringen. An dem Abend, als Mweza starb, bekamen Vedder und Weber einen neuen Kollegen, David Watts. Die drei Forscher versuchten, den kranken Gorilla aufzupäppeln, und baten Fossey um Hilfe. Sie behaupten, Fossey sei betrunken gewesen und habe dem Gorilla lediglich flüssige Antibiotika eingeflößt und die drei ansonsten allein gelassen.

Dies war der erste von zahlreichen Vorfällen, die in einem Knäuel sich widersprechender Erinnerungen verwoben und heute nicht mehr zu entwirren sind. Vielleicht war Fossey außer sich vor Kummer und hielt sich von der kranken Mweza fern, um sich selbst vor der Zuneigung zu einem weiteren zum Sterben verurteilten Gorilla zu schützen. Die jungen Forscher, die Fossey kaum kannten und wenig Verständnis für sie hatten, sahen nur Mwezas Tod, der vielleicht hätte verhindert werden können, und gaben Fossey die Schuld, die ihnen bei ihrer qualvollen Arbeit kaum Unterstützung gewährt hatte. Vedder und Weber schrieben später über ihre »Wut und die zutiefst gestörte seelische Verfassung von Dian Fossey«. Dies wurde zu einem immer wiederkehrenden Problem für Fossey: Die Leute erkannten, dass sich ihr Geisteszustand verschlechterte, hatten jedoch nur selten Mitleid oder wussten nicht, wie sie ihr helfen konnten.

In den nächsten Monaten übernahm Fossey weiterhin die Leitung der Wildererpatrouillen im Karisoke-Forschungsgebiet, das ein Zehntel (9,6 Quadratkilometer) der Parkfläche einnahm. Bis Geld aus dem Digit Fund eintraf, finanzierte sie die Patrouillen aus eigener Tasche. Im April hörte sie, dass Harcourt in Großbritannien Spenden für das Mountain Gorilla

Project sammelte, dieses Geld jedoch teilweise zur Finanzierung von ORTPN-Projekten verwendet werden sollte. Fossey war außer sich, dass Geld, das für sie gespendet wurde, um Fallen und Schlingen zu zerstören, für die Hütten der unfähigen Parkaufseher oder zur Teilfinanzierung von Flugtickets für Naturschützer verwendet wurde, die kamen, um den Tourismus in Ruanda zu fördern. Sie nannte es »Digits Blutgeld«.

In diesem Frühjahr gab es jedoch auch eine gute Nachricht: Digits Partnerin Simba gebar ein Weibchen. Fossey nannte sie Mwelu, »ein Hauch von Glanz und Licht«.

Ohne Digits Stärke und Wachsamkeit war Gruppe 4 nicht in der Lage, sich zu verteidigen, als eine Randgruppe Gorillas, angeführt von dem Silberrücken Nunkie, im Juli in ihr Territorium vordrang. Die drei erwachsenen Weibchen aus Gruppe 4 – Macho, Simba und Frito – säugten ihre Babys, und die beiden jungen Männchen, Tiger und Beetsme, waren noch nicht reif genug, um Uncle Bert während der heftigen Auseinandersetzung zu unterstützen. Uncle Bert führte seine Familie aus ihrem gewohnten Gebiet weg nach Zaire. Watts blieb an den meisten Tagen bei ihnen und hielt immer Ausschau nach Wilderern, die im Wald immer aktiver wurden. Redmond war in Großbritannien.

Am 24. Juli verließ Watts das Lager früh, um Gruppe 4 zu folgen. Er kehrte nur eine Stunde später mit grausigen Nachrichten zurück. In einem Brief an ihren Onkel Bert beschrieb Fossey, was passiert war:

Hier läuft alles gar nicht gut, wie bereits von Walter Cronkite angekündigt. Mein geliebter Uncle Bert wurde am 24. Juli durch eine einzige Kugel ins Herz getötet, als er sein Weibchen Macho verteidigen wollte. Sie wurde ebenfalls durch eine einzige Kugel ins Herz getötet, und ihr Baby Kweli (3 Jahre alt) hatte einen Schulterdurchschuss, wird aber überleben.

Die Wilderer wollen mich unbedingt von hier vertreiben, und ich habe gehört, dass ich die Nächste auf ihrer Liste bin. Diese Nachricht macht mir nicht so viel aus, da ich keine Angst vor ihnen habe und gut bewaffnet bin. Sicherlich bin ich einsam, habe aber nie Angst.

Nach all den Jahren, die ich ihn kenne, meinen geliebten Uncle Bert zu verlieren ist eine echte Tragödie. Er war ein einzigartiges Wesen, nicht einfach nur irgendein Tier. Es gibt nur noch 200 Berggorillas auf der Welt; deshalb kämpfe ich so erbittert für sie …

Ich habe dir viele Briefe geschrieben, aber keine Antwort erhalten … Sei bitte nicht böse auf mich. Ich würde mich über ein paar Zeilen von dir so freuen. Ich brauche das von dir.

Mit dem Buch läuft alles gut, und sie wollen es verfilmen! Zurzeit habe ich kein Interesse an solchen Verlockungen. Uncle Bert und sein Weibchen verloren zu haben ist

GEGENÜBER Gruppe 4 musste noch mehr leiden – der große Silberrücken Uncle Bert wurde im Juli 1978 von Wilderern erschossen.

alles, was ich ertragen kann. Ich weiß, dass du es nie leiden konntest, dass ich einen Gorilla nach dir benannt habe, aber er war einzigartig und etwas ganz Besonderes für mich …

Der Grund für die Tötung von Uncle Bert und Macho bleibt ein Geheimnis. Es gab nur wenige Hinweise. Die Gruppe wurde im Schlaf angegriffen, was bedeutet, dass die Mörder den Aufenthaltsort der Gorillas kannten und den Angriff geplant hatten; der Silberrücken und sein Weibchen wurden mit Gewehren erschossen, einer Waffe, die von Wilderern nur selten benutzt, jedoch von den Parkaufsehern getragen wurde. Eine Theorie besagt, dass – da Digits Tod Ruanda Geld brachte – jemand in einer Machtposition dachte, mehr tote Gorillas würden noch mehr Geld bringen. Eine weitere Theorie lautet, dass Gruppe 4, Fosseys Lieblingsgruppe, aus Rache für ihre oft brutale Behandlung der Wilderer angegriffen wurde. Redmond weist jedoch darauf hin, dass Gruppe 4 nicht in ihrem gewohnten Gebiet war und die Mörder wahrscheinlich nicht wussten, um welche Gruppe es sich handelte. Fossey selbst glaubte, dass die Mörder hinter einem Gorillababy her waren.

Es kamen Zweifel über Fosseys Fähigkeit auf, Karisoke weiter zu führen. Selbst diejenigen, die sie unterstützten, dachten allmählich, Fosseys Ruf sei so weit gesunken, dass ihre Anwesenheit in Ruanda die Naturschutzbemühungen dort eher bedrohten. Fossey wusste von alldem und befürchtete, dass die National Geographic Society ihr keine finanziellen Mittel mehr bewilligen würde. Zudem war ihre geliebte Gruppe 4 ohne die Führung von Uncle Bert zunehmend am Auseinanderbrechen, und ein Weibchen, Flossie, hatte die Gruppe mit zwei Jungtieren bereits verlassen und sich Nunkie angeschlossen.

Fossey schilderte einigen Freunden, die ihr Geld für Redmonds Rückkehr zur Station geschickt hatten, die Veränderungen.

Euer Scheck über 250 Dollar für Ians Rückreise aus Nairobi kam heute an. Das ist das Netteste, was hier seit langem passiert ist.

… Ich bekam [Ians] *Telegramm, dass er »so bald wie möglich« zurückkommt, erst, nachdem er am 2. August die Nachricht* [vom Tod von Uncle Bert und Macho] *gehört hatte. Ich war überglücklich. Wieder jemand, den ich anbrüllen kann!!! Im Ernst, er ist der Einzige hier, der absolut erstklassige Patrouillenarbeit leistet. Ich persönlich bin nach wie vor davon überzeugt, dass sich* MUNYARUKIKO [ein bekannter Wilderer] *im Wald am Karisimbi versteckt. Ian allein plus ein oder zwei meiner Afrikaner könnten in einer Woche mehr machen als ein ganzes Militärkommando …*

Die kleine Frito wurde von Beetsme offensichtlich deshalb getötet, damit Beetsme sich mit Flossie paaren kann, die er ständig angriff. Ich glaube nicht, dass ihr altes Herz noch viel mehr ertragen hätte. Gottlob nahm Nunkie sie mit Cleo und Augustus auf, und Titus, Kweli, Tiger, Simba und Mwelu blieben in Gruppe 4 bei Beetsme, der sich seitdem beruhigt hat. Am 24. wurde Kweli ebenfalls angeschossen … aber es geht ihr gut, und sie wird von Tiger bemuttert.

OBEN Die glücklichen Tage mit Gruppe 4 (Digit und Tiger mit Fossey) waren vorbei; die Gruppe konnte sich von dem Verlust ihrer zwei ranghöchsten Männchen nicht erholen.

Redmond kehrte zur Station zurück und setzte die aktive Naturschutzarbeit zum Schutz der Gorillas fort. Leider starb Machos Sohn Kweli am 25. Oktober an der Verletzung, die er sich beim Angriff auf Gruppe 4 zugezogen hatte. Sein Zustand hatte sich plötzlich verschlechtert, und Watts hatte ihn zur Station zurückgebracht, doch trotz anhaltender Bemühungen konnten weder er noch Redmond oder Fossey ihn wiederbeleben. In dieser Nacht hatte Fossey nach einem Albtraum von Wilderern und Tötungen eine furchtbare Panikattacke, und nur dank Redmonds beruhigender Gegenwart gelang es ihr, zumindest für den Augenblick, die blutigen Bilder aus dem Gedächtnis zu verbannen.

Im Dezember wechselte Digits Weibchen Simba mit dem kleinen Mwelu ebenfalls zu Nunkies Gruppe. Innerhalb weniger Tage tötete der Silberrücken Mwelu – eine Strategie, die gewährleistete, dass Simba für seine Annäherungsversuche empfänglich war. Ein paar Wochen später schlossen sich Beetsme, Tiger und Titus aus Gruppe 4 Peanuts' Gruppe an. Seit Silvester 1977 waren sechs Mitglieder von Gruppe 4 gestorben: Digit, Uncle Bert, Macho, Kweli, Frito und Mwelu – was dem Zusammenbruch der berühmtesten Gorillafamilie der Welt gleichkam.

Ende Oktober 1978 flog Fossey in die USA, um an einem Naturschutzsymposium teilzunehmen. Dort hörte sie, dass ihr Onkel Bert im Alter von 95 Jahren gestorben war. Er hinterließ ihr eine große Geldsumme. Das hieß, dass Fossey die Wildererpatrouillen in Karisoke selbst dann fortsetzen konnte, wenn kein Geld mehr dafür gespendet wurde.

Im November hatte Fossey gute Neuigkeiten für Redmond in Karisoke:

Ich bin immer noch in Washington und werde meinen Aufenthalt wegen einiger Angelegenheiten den Digit Fund betreffend möglicherweise um eine weitere Woche verlängern. Dieser ist unglaublich kompliziert, was die Ernennung des Vorstands etc. betrifft. Sorge [dich nicht]*, dass es keine finanzielle Unterstützung gibt; im Gegenteil, es gibt viel, und je mehr hereinkommt, desto mehr Papierkram gibt es hier. Eigentlich wollte ich dir nur sagen, dass du bitte so weitermachen sollst. Wenn du viel versprechende Ruander findest, die du ausbilden kannst, nimm sie mit ins Lager und stelle sie tageweise ein, was natürlich zusätzliche Kosten für Essen und wahrscheinlich Kleidung bedeutet. Um es kurz zu machen: Der Digit Fund läuft ausgesprochen gut, und wenn du anfangen kannst, neue Afrikaner im Fährtenlesen und Nesterzählen auszubilden, kannst du das gerne sofort machen.*

Als Fossey aus den USA zurückkam, waren ihre Träger mit Campingausrüstung, Kleidung und anderen Gegenständen für die Patrouillenmitarbeiter beladen. Fossey blickte jedoch immer noch pessimistisch in die Zukunft und schrieb im Februar 1979 an ihre Eltern.

1967–69 schätzte ich, dass die Gorillas in 20 Jahren ausgestorben sein würden, und ich habe mich wahrscheinlich um nicht mehr als 2 Jahre verschätzt.

Den Gorillas geht es gut. Ich gehe zurzeit nicht zu ihnen, da ich versuche, mein Buch zu beenden und gleichzeitig an einem neuen N.G.-Artikel zu arbeiten. Bin im Buch bis zum Juli '78 gekommen – eine lange Zeit vom Dez. '66, aber immer noch nicht fertig. Erinnert mich an Krieg und Frieden.

In Ruanda begann Weber mit neuen Naturschutzbemühungen. Er war überzeugt, dass die Zukunft der Berggorillas nur dann gesichert werden konnte, wenn die ruandische Bevölkerung dies wünschte. Er organisierte Schulbesuche, zeigte Filme und stellte den einheimischen Kindern ihre Gorillanachbarn vor.

Der Druck auf Fossey, Karisoke abzugeben, wuchs. Von allen Seiten wurde ihr nahe gelegt, in die USA zurückzukehren und sich auf ihr Buch zu konzentrieren. Aber Fossey hatte einflussreiche Freunde und glaubte, dass die Gorillas nur durch ihre aktiven Naturschutzmaßnahmen gerettet werden konnten. Sie wollte nichts mit dem sanften Ansatz anderer Organisationen zu tun haben und lehnte insbesondere die Bemühungen einiger ihrer Kollegen, darunter Weber, Vedder und Watts, ab. Diese hatten mit Unterstützung des ORTPN das Mountain Gorilla Project gegründet, mit dem Ziel, ein beaufsichtigtes Touristenprogramm einzurichten, um Geld für die ruandische Wirtschaft zur Verfügung zu stellen und die Besucherzahl im Parc des Volcans zu kontrollieren. Fossey empfand dies als Bedrohung ihrer eigenen Bemühungen und beschloss, bis August in Karisoke zu bleiben, um an ihrem Buch zu arbeiten und die Wildererpatrouillen zu koordinieren.

Als Weber und Vedder in ihrem Buch *In the Kingdom of Gorillas* über ihre Erfahrungen in Ruanda berichteten, erkannten sie an, dass Fossey etwas Bemerkenswertes geleistet hatte. Fosseys Zielstrebigkeit und Hartnäckigkeit waren die Eigenschaften, die nötig waren, um die Forschungs- und Naturschutzmethoden in Karisoke einzuführen. Dieselben Eigenschaften führten jedoch auch dazu, dass sie sich Neuerungen verschloss und unfähig war, sich weiterzuentwickeln, wenn eine Erweiterung der Projekte notwendig wurde.

Weber und Vedder glaubten, dass eine langfristige Sicherheit für den Gorillabestand nicht allein durch die Bewältigung des Wildererproblems gewährleistet werden konnte. Die einheimische Bevölkerung musste den Wert lebender Gorillas erkennen. Sie sahen die Entwicklung und Ausbildung der Menschen als einen wesentlichen Bestandteil des Naturschutzes an – eine mittlerweile allgemein anerkannte Philosophie. Fossey war jedoch zu unflexibel geworden, um diese in ihre eigene Naturschutzstrategie zu integrieren. Laut Weber und Vedder war Fossey zwar eine unvergleichliche Pionierin auf ihrem Gebiet, doch fehlten ihr die nötigen Charaktereigenschaften, um sich anzupassen und auf ihrem Erfolg aufzubauen.

Im April 1979 schrieb Fossey an Redmond, der nach England zurückkehren musste, um sein Handgelenk zu behandeln, nachdem ihn ein Wilderer angegriffen hatte:

Ian, ich bin nicht besonders an der Meinung anderer Leute über den Schutz der Gorillas interessiert – im Gegenteil, nichts macht mich wütender. Ich habe einfach keinen Respekt vor Leuten, die für eine Weile hierher kommen und dann weggehen und »alles wissen« … Ich will nichts mehr von dem schwammigen Gequassel wissen, was hier »gebraucht« wird; du weißt genauso gut wie ich, was gebraucht wird.

Es gibt auch gute Neuigkeiten; ich habe in der Woche nach Lees Verletzung mit den Patrouillen begonnen und nur Afrikaner eingesetzt, und bis jetzt wurden 354 Fallen zerstört und ca. 8 Ducker lebend freigelassen … Ich habe mit 5 Männern angefangen und Big Nemeye als »Führer« eingesetzt, aber es gab Streit, als Big Nemeye anfing, sich einen Anteil von den Gehältern der anderen zu nehmen, und ich musste ihn entlassen … Ich habe Vatiri als Führer, und alles läuft hervorragend. Sie arbeiten 3 Tage pro Woche … Letzte Woche kamen sie zum ersten Mal … mit nur 9 Fallen und waren so enttäuscht – gewöhnlich sind es um die 50. Ich konnte ihnen nicht sagen, wie sehr ich mich freute, da ich glaube, dass sich die Fallensteller allmählich abgeschreckt fühlen.

OBEN Fossey kurz vor der Freilassung eines Duckers, der aus einer Schlinge befreit wurde. Der Tod von Digit und Uncle Bert sowie die anschließende Auflösung von Gruppe 4 bestärkte Fossey in ihrer Entschlossenheit, die Aktionen der Wilderer zu beenden, und sie verstärkte ihre Patrouillen.

Lee war die junge Tochter des Silberrückens Nunkie und seines Weibchens Petula. Sie hatte sich in einer Drahtschlinge verfangen und schwer verletzt. Im Lager gab es unterschiedliche Auffassungen darüber, wie ein Gorillakind zu behandeln sei. Lee von der Gruppe zu entfernen war fast unmöglich, da Nunkie und Petula kämpfen würden, um ihr Junges zu beschützen. Betäubungsgewehre wurden vorgeschlagen, von Fossey jedoch wieder verworfen, da sie im Lager noch nie benutzt worden waren. Eine Sackgasse war erreicht, und Lees Zustand verschlechterte sich langsam, bis sie schließlich an den Infektionen starb. Erst Mitte der 1980er-Jahre fand Fossey endlich eine Organisation, die »Morris Animal Foundation«, die tierärztliche Hilfe für verletzte Gorillas zur Verfügung stellen konnte.

Dian hatte vor, Karisoke während ihres USA-Aufenthalts Harcourt und Stewart zu überlassen, doch die Organisation warf so viele Probleme und Unstimmigkeiten auf, dass Fossey ihre Abreise schließlich auf das neue Jahr verschob. Das passte ihr allerdings nicht. Sie brauchte ärztliche Hilfe, da sie sich den Knöchel gebrochen hatte und ihre Hüfte ständig wehtat.

Ein Professor der Cornell University hatte Karisoke im selben Jahr besucht und Fossey eine befristete Stelle an der Universität vorgeschlagen. Ende Oktober erhielt Fossey die gute Nachricht, dass ihr ein Forschungsaufenthalt von März bis Dezember 1980 als Gastprofessorin an der Cornell University angeboten wurde. Ein amerikanischer Anthropologiedoktorand würde sich um Karisoke kümmern.

In den USA diagnostizierten die Ärzte bei Fossey eine Nierenentzündung und ein Emphysem und teilten ihr mit, dass die Hüftschmerzen durch einen irreversiblen Wirbelsäulenschaden verursacht würden (obwohl Fossey später in Kanada erfolgreich behandelt wurde). Sie blieb mit Redmond in Kontakt und schrieb ihm im Juni 1980:

Vielen Dank für deinen Brief. Es tat gut, von dir zu hören, da ich gehört hatte, du seist auf dem Weg zur Station. Ich erhalte viele Nachrichten über die Gegend und das, was dort passiert, aber leider nur selten von Stuart. Na ja, auf meine alten Tage lerne ich, diskreter zu sein, also: Je weniger geredet wird, umso besser. Aber um eines bitte ich dich, nur für mich: Gib Kima ein bisschen Aufmerksamkeit. Ich träume jetzt jede Nacht von ihr – es ist wirklich seltsam und so ähnlich wie in dieser furchtbaren, unvergesslichen Nacht im Lager, über die ich nie hinwegkommen werde [die Nacht ihrer Panikattacke].

Cornell, die Gegend und die Leute gefallen mir richtig gut, obwohl ich die meiste Zeit in Krankenhäusern oder bei Ärzten verbringe und daher rund um die Uhr arbeite, um auf dem Laufenden zu bleiben. Trotzdem ist es der einzige Ort auf der Welt, an dem ich mich wieder in die Zivilisation »eingewöhnen« könnte.

UNTEN Dian mit ihren geliebten Haustieren Cindy und Kima. Kima starb in Karisoke, während Fossey weg war, und sie beschloss, Cindy bei ihrer Rückkehr in die USA mitzunehmen.

Fossey kehrte im Juli 1980 kurz nach Ruanda zurück. Ihr Hausaffe Kima war gestorben, als Fossey in den USA war, und sie entschied, dass Cindy bei ihr in Cornell, Ithaca, in den besten Händen wäre – trotz der Schwierigkeiten, einen alten Hund von Afrika nach Amerika zu transportieren. Fossey traf sich mit Redmond, der Parkaufseher ausbildete, und bat ihn, Cindy entweder vor Ort zu erschießen oder ihr zu helfen, den Hund in die USA zu transportieren. Bei ihrer Rückkehr im August schrieb sie ihm:

Es tut mir Leid, dass ich im Lager so wenig Zeit hatte. Ich kam einfach nicht dazu, mich hinzusetzen und mir anzuhören, was du alles gemacht hast, und deshalb war ich wütend auf mich selbst … Der Besuch im Lager war für mich höchst traumatisch, vor allem wegen Kima. Alles scheint so leer zu sein – ich werde über den Verlust nie hinwegkommen, und alles erinnert mich an sie, egal, wo ich bin. Alles hier erscheint mir unvollständig, nur mit Cindy, denn wir waren immer ein Trio.

Ich bin so froh, dass ich Cindy mitgenommen habe, obwohl die Reise chaotisch war! In Bujumbura durfte ich sie im Flugzeugbauch nicht besuchen, aber in Nairobi habe ich mich durchgesetzt. Die Stewardess brachte mich zur Laderampe; ich stieg hinauf und fand Cindys Käfig direkt neben der Vordertür … ich stellte Wasser und miserables Essen, das die Passagiere bekamen, als

»Snack« hinein … Schließlich musste ich zum Terminal gehen, da ich eine Frachtlieferung aufhielt, und sah sie bis Brüssel nicht mehr. Cindy ist ja so stubenrein, sie hat zwischen Kigali und Brüssel nicht gepinkelt; ich hatte mir deswegen große Sorgen gemacht. Am Brüsseler Flughafen dann … wurde ich von zwei kleinen Jungen – Kinder des amerikanischen Botschaftsberaters in Kigali – in einen speziellen Warteraum gebracht. Wir warteten eine Ewigkeit … bevor ich in die Tiefen des Brüsseler Flughafens hinabsteigen durfte … Dort saß Cindy inmitten von allem anderen in ihrem Käfig ohne Wasser oder irgendwas … ich nahm sie sofort heraus, aber sie pinkelte immer noch nicht; also musste ich durch den Zoll, um ein bisschen Gras vor dem Flughafen zu finden, wo sie dann fast die Straße überflutete.

… Ich weiß, dass [Cindy] nie mehr die Alte sein wird, aber ich glaube wirklich, dass ich das Richtige getan habe, indem ich sie in die USA gebracht und sie nicht im Lager zurückgelassen habe, wo sie an Vernachlässigung gestorben wäre wie Kima …

Bevor mir das Papier ausgeht, möchte ich dir sagen, wie stolz ich auf dich bin und wünsche dir das Allerbeste … Vielen Dank, dass du dir selbst treu geblieben bist, Ian.

OBEN Fossey und Cindy verabschieden sich vor ihrer Rückkehr in die USA an die Cornell University von den Einheimischen.

Die Beteiligten beschlossen, dass Karisoke unter der Aufsicht eines Vorstands betrieben werden sollte, um die Weiterführung der wissenschaftlichen Forschung zu gewährleisten. Harcourt wurde Leitender Direktor der Karisoke Forschungsstation, während Fossey in den USA war, und Ende 1980 steuerten der Digit Fund und der Mountain Gorilla Fund Gelder zu den von ihnen gewählten Naturschutzmethoden bei. In den USA wurde Fossey an der Universität zu einer beliebten Mitarbeiterin, und ihre fesselnden Vorträge waren immer gut besucht. Sie arbeitete an dem nächsten Entwurf für ihr Buch, verbrachte Zeit mit Cindy und wurde allmählich die Geister los, die sie verfolgten.

DIGITS ERBE

GEGENÜBER Fossey kehrte im Juni 1981 von Amerika nach Ruanda zurück und war überglücklich, wieder Zeit mit ihren geliebten Gorillas zu verbringen. Sie erklärte Karisoke zu ihrem wahren Zuhause.

Fossey verbrachte den größten Teil des Jahres 1981 an der Cornell University. Wann immer möglich konzentrierte sie sich auf die Fertigstellung ihres Buches, das in enger Zusammenarbeit mit ihrer Lektorin endlich Gestalt annahm.

Redmond war nach Beginn einer Studie über Höhlenelefanten in Kenia nach Ruanda zurückgekehrt, um eine Gorillazählung am Mikeno in Zaire fertig zu stellen, und fand Karisoke nur noch als Hülle seines früheren, gastfreundlichen Selbst vor. Redmond schrieb verzweifelt an Fossey und berichtete, dass die Parkaufseher so nutzlos wie immer waren: Von 102 Gorillas, die 1976 auf dem Mikeno gezählt wurden, waren Redmonds Schätzungen zufolge nur noch 50 bis 60 übrig. Darüber hinaus war er in Ruhengeri drei Personen begegnet, die man gefragt hatte, ob sie ein Gorillababy haben wollten.

1982 feierte Fossey ihren 50. Geburtstag in den USA, wo sie sich eingelebt hatte und trotz zahlreicher Vortragsreisen zur Aufbesserung ihres niedrigen Gehalts zufriedener und gesünder war als in den Jahren zuvor. Im Oktober starb ihr geliebter Hund Cindy. Ohne Cindy, um die sie sich kümmern konnte, war Dian mit ihren Gedanken wieder einmal in Karisoke. Sie hatte gehört, dass keine Wildererpatrouillen mehr organisiert wurden, und wollte zurückgehen und mit eigenen Augen sehen, was dort passierte.

Während sie ihre Reise vorbereitete, schrieb Fossey im Mai 1983 an Redmond:

Erinnerst du dich an die entsetzliche Nacht, als ich Rwelekana gebeten habe, dich zu mir zu bringen? In vieler Hinsicht habe ich jetzt dieselben grässlichen Gefühle, wenn auch in abgeschwächter Form, denn damals habe ich die Tiere verlassen, und hier [in den] *USA kann ich nichts verlassen außer dem Junkfood und dem Fernsehen. Ich hasse dieses Land aus dem einfachen Grund, weil es immer mehr zu einem Polizeistaat wird …*

Ich weiß, dass das Wildern hier [um Karisoke] *bzw. in den gesamten Virungas schlimmer ist, als es zu meiner Zeit dort jemals war. Ich weiß, dass junge Gorillas zur Unterhaltung der Touristen gefangen werden. Ich weiß auch, dass die Einrichtungen in Karisoke fast verrottet sind, weil sich niemand um die Erhaltung der Hütten gekümmert hat. Alles, wofür ich dreizehn Jahre lang fast im Alleingang gearbeitet habe, ist so gut wie am Ende.*

Nicht alle hätten damals dieser düsteren Einschätzung der Situation zugestimmt. Fossey schrieb, dass das Aufklärungsprogramm des Mountain Gorilla Project (inzwischen ein Konsortium aus FFPS, AWF und WWF), bei dem Ruander im ganzen Land über Gorillas informiert wurden, ihrer Meinung nach überflüssig sei, wenn die Wilderer nicht gestoppt würden. Es bräuchte nur einen Wilderer, um einen Gorilla zu töten, aber …

OBEN Fossey nimmt ihr Leben auf dem Berg wieder auf: Hier kocht sie auf einer Überwachungspatrouille in ihrem kleinen Zelt Abendessen.

Kein noch so süßer Film wird das derzeitige Abschlachten stoppen …

Ich höre jetzt auf; ich bin nicht wütend, da man die Vergangenheit nicht ändern kann … Es gibt sicherlich Raum für beide Naturschutzmethoden – aktiv und/oder theoretisch. Die Tatsache, dass ich mich für Letztere niemals einsetzen werde, heißt nicht, dass ich nicht mit ihr einverstanden wäre, vor allem in einem Land, wo die Leute das Heute kaum verstehen, geschweige denn das Morgen.

Fossey kehrte am 19. Juni nach Ruanda zurück, nachdem »meine Wut mit meinem Gepäck eingepackt« worden war, und war überglücklich, wieder in Ruanda zu sein. Andere waren weniger glücklich, und sie hatte große Schwierigkeiten, eine Arbeitserlaubnis zu bekommen. Die Zeit, die sie mit Gruppe 5 verbrachte, ließen sie die bürokratischen Schwierigkeiten jedoch vergessen: Fossey erklärte Karisoke zu ihrem wahren Zuhause, und niemand würde sie kampflos hinauswerfen.

Gorillas im Nebel erschien am 25. August 1983, und Fossey verbrachte die sechs folgenden Monate

UNTEN Anfang 1984 machte Fossey eine ausgedehnte Reise, um für ihr Buch zu werben, an dem sie so lange gearbeitet hatte: *Gorillas im Nebel*.

damit, für das Buch zu werben. Der hektische Terminplan enthielt Vorträge und persönliche Auftritte in den USA, Südafrika und Großbritannien. Die Reise war zwar anstrengend, aber nützlich: Das Buch wurde sowohl von den Lesern als auch von der Kritik sehr gut aufgenommen. Fossey hatte nur kurz Zeit, in Karisoke Frühjahrsputz zu machen und wieder mit den Wildererpatrouillen zu beginnen, bevor sie ihre Reise antrat.

Karisoke, 25. Februar 1984

Liebe Mutter, lieber Vater,

bin vor 2 Tagen nach einer ausgesprochen hektischen, vom Buchverlag gewünschten Vortragsreise in Südafrika und England nach Karisoke zurückgekommen … Das Buch ist sowohl in England als auch in Südafrika und, wie man mir sagte, in Amerika ausverkauft …

Ihr versteht hoffentlich, warum ich mindestens noch neun Monate hier bleiben muss, bevor ich wieder nach Amerika gehe. Immer wenn ich weg bin, versuchen Leute, Karisoke zu übernehmen – neun Hütten und 12 perfekt ausgebildete Afrikaner. Ich muss mich bei den Europäern hier wieder »durchsetzen«, die das Lager, die Gorillas und die ausgebildeten Afrikaner übernehmen wollen. Da ich nach wie vor recht gesund bin und ein sehr gutes Verhältnis zu den afrikanischen Behörden habe, muss ich hier weitermachen.

Viele liebe Grüße, Dian

Im März 1984 verschlechterte sich Fosseys Gesundheitszustand, und sie konnte nicht mehr zu den Gorillas gehen, wenn sie sich in mehr als einer Stunde Entfernung vom Lager aufhielten. Es gab Pläne für eine Verfilmung ihres Buches. Sie schrieb ihren Eltern:

Jetzt kommen Filmleute hierher und wetteifern mit den TV-Serienleuten – es ist jetzt, wo ich so müde und beschäftigt bin, einfach alles zu viel.

Es gab noch zusätzliche Belastungen: Zwar hatte Fossey ein gutes Verhältnis zu einigen hohen ruandischen Beamten, doch waren ihre Beziehungen zum ORTPN nach wie vor schwierig, und sie bekam immer nur für zwei oder drei Monate eine Arbeitserlaubnis. Jeder Besuch zu deren Verlängerung dauerte mehrere Tage, und Fossey konnte ohne die Hilfe eines Sauerstoffgeräts nicht mehr zur Station hinaufsteigen. Die Wildererpatrouillen erwiesen sich jedoch als erfolgreich, wie Fossey im August 1984 an Redmond schrieb:

Die aktuellen Digit-Fund-Ergebnisse für dieses Jahr: 1 587 Fallen zerstört, 212 Patrouillentage und 5 546,95 Patrouillen-Arbeitsstunden … plus 16 aus Fallen befreite Tiere. Nur 2 Wilderer inhaftiert, was zwar nicht gut ist, aber es mangelt ja nicht an Versuchen.

Im folgenden Jahr, 1985, setzte Fossey ihre Arbeit in Karisoke fort. Indem sie die verbleibenden Berggorillas im Forschungsgebiet schützte, bettete Fossey Digits Geist zur letzten Ruhe, wie sie Redmond erklärte:

Du kannst wahrscheinlich besser als irgendjemand sonst verstehen, dass es jetzt möglich ist, ohne diese furchtbare, schmerzende Leere an Digits Grab vorbeizugehen … Obwohl, wenn ich einen Wunsch frei hätte, würde ich mir natürlich wünschen, dass er, Uncle Bert, Macho und Kweli noch auf der Erde wären und sich vermehrten, dass sie Labkrautranken von alten Kosobäumen pflückten, sich an schönen Tagen sonnten und schnurrten und an langen Regentagen zitterten und dampften. Sie und nicht wir Menschen gehören hierher.

UNTEN Der letzte Brief, den Fossey ihren Eltern vor ihrer Ermordung im Dezember 1985 schrieb.

Sie fuhr fort, dass sie Angst vor der Zukunft habe: Sie vermutete, dass hochrangige ruandische Beamte in den illegalen Handel mit Gold, Elfenbein und Gorillas verwickelt waren, und es gab Gerüchte, dass ein spanischer Zoo vorhatte, ein Gorillababy zu kaufen.

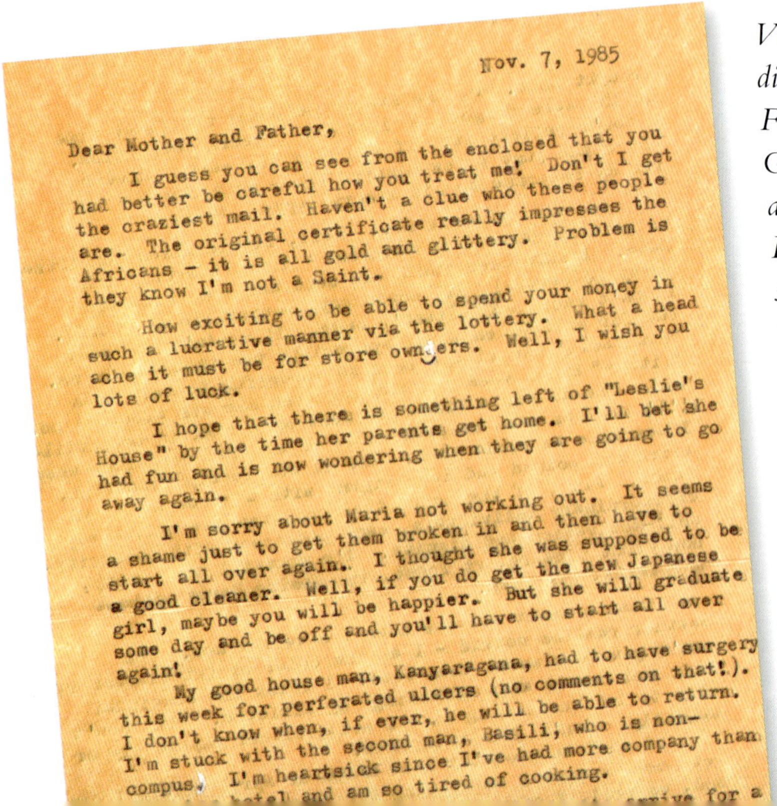

Nov. 7, 1985

Dear Mother and Father,

I guess you can see from the enclosed that you had better be careful how you treat me! Don't I get the craziest mail. Haven't a clue who these people are. The original certificate really impresses the Africans – it is all gold and glittery. Problem is they know I'm not a Saint.

How exciting to be able to spend your money in such a lucrative manner via the lottery. What a head ache it must be for store owners. Well, I wish you lots of luck.

I hope that there is something left of "Leslie's House" by the time her parents get home. I'll bet she had fun and is now wondering when they are going to go away again.

I'm sorry about Maria not working out. It seems a shame just to get them broken in and then have to start all over again. I thought she was supposed to be a good cleaner. Well, if you do get the new Japanese girl, maybe you will be happier. But she will graduate some day and be off and you'll have to start all over again!

My good house man, Kanyaragana, had to have surgery this week for perferated ulcers (no comments on that!). I don't know when, if ever, he will be able to return. I'm stuck with the second man, Basili, who is non-compus. I'm heartsick since I've had more company than hotel and am so tired of cooking. … arrive for a

Vielleicht leide ich unter Verfolgungswahn, aber dieselben Vorbereitungen wurden auch in Kwelis Fall getroffen [der erschossene Gorillajunge aus Gruppe 4], *doch damals war ich nicht so klug, alles aufzuzeichnen, was mir gesagt wurde. Diesmal bin ich zumindest so klug und gebe sehr viel Digit-Fund-Geld dafür aus, alles im Tal genau im Auge zu behalten. Meine Intuition lässt mich nur selten im Stich; ich hoffe, dass sie diesmal völlig versagt.*

Gegen Ende des Jahres versuchte Fossey, ihre Arbeitserlaubnis beim ORTPN zu verlängern. Sie brauchte diese, um ein neues Visum zu bekommen, aber niemand wollte ihr eine ausstellen. Dian Fossey, eine Frau, die nie kampflos aufgab, handelte über den Kopf des ORTPN-Direktors hinweg. Kurz vor Weihnachten – ihrem letzten – schrieb Fossey, überglücklich über ihren Erfolg, an eine Freundin:

Der Chef der Sécurité (Geheimpolizei) hat auf dem Parkdirektor herumgehackt und der Auswanderungsbehörde [sic] *befohlen, mir eine Aufenthaltserlaubnis auszustellen, die mindestens 2 Jahre gültig ist, also die Höchstdauer! Ein solches Visum ist wirklich schwer zu bekommen, also kannst du dir vorstellen, wie begeistert ich war, als ich in Kigali ankam und dieser wichtige Mann alles für mich arrangiert hatte … In diesem Land, wie in den meisten afrikanischen Ländern heutzutage, legt man sich nicht mit der Sécurité oder denen, die sie unterstützt, an. Siehst du, es zahlt sich aus, seine Weste sauber zu halten!*

OBEN Fosseys Freunde und Mitarbeiter versammeln sich um ihren Sarg, als sie neben den Gräbern ihrer geliebten Gorillas zur letzten Ruhe gebettet wird.

Angeblich war Fosseys Aufenthaltserlaubnis so gut wie ein Todesurteil: Als ihre Feinde wussten, dass sie mindestens zwei weitere Jahre in Karisoke sein würde, sahen sie sich zum Handeln gezwungen. In der Nacht des 26. Dezember 1985 wurde Fossey in ihrer Hütte ermordet – ihr Schädel wurde mit einer Machete gespalten.

Sie wurde in Karisoke neben den Gräbern ihrer geliebten Freunde beerdigt. Die Inschrift auf ihrem Grabstein lautet:

Dian Fossey
1932–1985
No One Loved Gorillas More

Die ruandischen Behörden nahmen das gesamte Personal in Karisoke zum Verhör in Untersuchungshaft und verhafteten schließlich Fosseys früheren Fährtensucher Rwelekana, der jedoch einige Monate später im Gefängnis starb. Wayne McGuire, ein neuer Forscher

UNTEN Blumen und ein Foto von Fossey mit Coco und Pucker auf ihrem Grab in Karisoke.

OBEN Fosseys Grab und die Gräber ihrer liebsten Freunde in der Karisoke-Forschungsstation in den Virungas.

in Karisoke, als der Mord geschah, wurde vor einer drohenden Anklage gewarnt. Als er nach ein paar Wochen in die USA zurückkehrte, um seine Doktorarbeit zu beenden, wurde er *in absentia* des Mordes angeklagt und für schuldig erklärt. Wahrscheinlich waren die beiden aber nur die Sündenböcke für ein bis heute ungeklärtes Verbrechen.

Fossey hatte viele Feinde, und die Liste der Verdächtigen ist lang: Sie hätte von einem Wilderer, einem verärgerten Mitarbeiter oder einem Auftragsmörder ermordet werden können. In ihrem letzten Brief an Redmond hatte Fossey zugegeben, dass sie für Informationen zahlte: Vielleicht hatte sie Beweise für den illegalen Handel mit Gold und Elfenbein oder den Verkauf von Gorillababys an ausländische Zoos entdeckt. Jeder, der in diese korrupten Machenschaften verstrickt war, hätte ein Motiv gehabt, einen Killer anzuheuern, genauso wie diejenigen, die am wachsenden Tourismus verdienten, den Fossey gerne eingeschränkt hätte. Es gibt viele Theorien, aber kaum Beweise. Wahrscheinlich weiß nur der Täter, wer Fossey getötet hat. Was viel mehr zählt, ist ihr Erbe.

Fosseys letzter Tagebucheintrag lautet:

Wenn man den Wert des Lebens erkennt, verweilt man weniger in der Vergangenheit und konzentriert sich mehr auf die Bewahrung der Zukunft.

Am Tag nach Fosseys Tod kamen der Filmproduzent Arnold Glimcher und sein Sohn Paul in Kigali an. Sie wollten sich eigentlich mit Fossey treffen, um die Verfilmung ihres Buches *Gorillas im Nebel* zu besprechen. Als sie von ihrer Ermordung erfuhren, entschieden sie, den Schwerpunkt des Films zu ändern und sich auf Fosseys bemerkenswertes Leben – und ihren Tod – zu konzentrieren.

Der Film *Gorillas im Nebel* unter der Regie von Michael Apted wurde 1987 gedreht und kam 1988 in die Kinos. Fossey wurde von Sigourney Weaver gespielt, die später einen Golden Globe für diese Rolle erhielt. Der Film ist zwar keine exakte Darstellung Fosseys oder ihrer Arbeit, hat aber wahrscheinlich mehr bewirkt als alles andere, indem er ein weltweites Publikum auf die Notlage der Gorillas aufmerksam machte. Er zeigt,

OBEN Sigourney Weaver, Regisseur Michael Apted und Kameramann John Seale bei Ros Carr während der Dreharbeiten zu *Gorillas im Nebel*.

welche Mühen Fossey auf sich nahm, um die Gorillas vor den Wilderern und ihren Lebensraum vor der Zerstörung zu retten. Ohne sie und die unermüdliche Arbeit der Menschen, die von ihr inspiriert wurden, wäre einer der engsten Verwandten des Menschen jetzt nur noch eine Sammlung ausgestopfter Tiere in den Museen der Welt.

1991 kehrten George Schaller und seine Frau Key nach 30 Jahren wieder nach Karisoke zurück. Die Situation vor Ort beschrieb Schaller 1995 in einem NG-Artikel. Dians Hütte stand noch, »voll mit Überbleibseln aus ihrer Vergangenheit. An der Wand hing noch ein Plastiknikolaus, eine traurige Erinnerung daran, dass sie an Weihnachten starb. Neben ihrer Hütte, im Schatten moosbedeckter Kosobäume, war ihr Grab, zusammen mit denen von 17 Gorillas, einem Hund und einem Affen. Wir wollten uns aber nicht nur mit der Tragödie befassen … Dian jagte Wilderer mit fanatischem Eifer. Ihre heldenhafte Wachsamkeit trug zum Überleben der Affen bei«.

Als Fossey den Digit Fund gründete, war ihr vorrangiges Ziel, das Geld für den »aktiven Naturschutz« zu verwenden – damit meinte sie den Schutz des Lebensraums durch Einhaltung der Parkgrenzen und regelmäßige Wildererpatrouillen. Nach Fosseys Tod wurde beschlossen, dass die Stiftung ihre Ziele erweitern sollte, um Fosseys Arbeit in allen Aspekten fortzusetzen. Karisoke behielt seine Hauptfunktion als Forschungszentrum, doch sollte der Digit Fund mehr Bereitschaft zur Zusammenarbeit zeigen und die lokalen Parkbehörden, die ruandische Regierung und internationale Naturschutzorganisationen unterstützen. Schließlich wurde der Digit Fund in »Dian Fossey Gorilla Fund« umbenannt und in Großbritannien (DFGF Europe) und den USA (DFGF International) getrennt voneinander, aber mit sich ergänzenden Programmen geführt.

UNTEN Sigourney Weaver als Dian Fossey in einer Szene aus *Gorillas im Nebel*.

In den Jahren nach Fosseys Tod führte die zunehmende Zahl der Forschungsergebnisse aus Karisoke zu einem besseren wissenschaftlichen Verständnis der Berggorillas. Rangerpatrouillen im Parc des Volcans brachten ebenfalls Resultate, und der Gorillabestand begann sich zu stabilisieren. Als Reaktion auf Fosseys Anfrage an die Morris Animal Foundation kurz vor ihrem Tod wurde das »Mountain Gorilla Veterinary Center« gegründet, das für die medizinische Betreuung der Gorillapopulation, vor allem der von Wilderern verletzten Gorillas sorgt. Der Erfolg dieser Projekte wurde durch den Bürgerkrieg in Ruanda gefährdet.

1990 brachen Unruhen zwischen Hutu und Tutsi aus, als Tutsi-Rebellen (Rwandan Patriotic Front – RPF) von Uganda aus in Ruanda einfielen. Die Kämpfe breiteten sich bis in den Nationalpark aus. Als der Bürgerkrieg 1992 schon fast zu Ende war, wurde Karisoke von aufständischen Soldaten überfallen. Nach einer vorübergehenden Wiederherstellung des Friedens erweiterte der DFGF Europe seine Arbeit um ein großes Aufklärungsprogramm, das die einheimische Bevölkerung für das Überleben der Gorillas sensibilisieren sollte. Schulkinder lernten etwas über Umweltschutz, in der Hoffnung, dadurch Verständnis und Verantwortung für Naturschutzinitiativen in der Region zu fördern. Zudem wurden medizinische Hilfsprojekte für die ruandische Bevölkerung ins Leben gerufen.

Die Arbeit des DFGF kam 1994 erneut zum Stillstand, als das Flugzeug des ruandischen Präsidenten Habyarimana abgeschossen wurde. Sein Tod löste einen Massenmord aus. In den Tagen zuvor war von extremistischen Hutu, die gegen eine Aufteilung der Macht mit der RPF waren, eine organisierte Rassenhasskampagne betrieben worden. In dem folgenden Völkermord wurden in nur 100 Tagen schätzungsweise eine Million Menschen getötet, und Hunderttausende flohen durch das Gorillagebiet ins benachbarte Zaire. Karisoke und das örtliche DFGF-Büro mussten geschlossen werden, doch innerhalb weniger Wochen konnten einige Mitarbeiter zurückkehren und die Überprüfung des Gorillabestands wiederaufnehmen, wenn es die Militärpolizei erlaubte. Ihre Arbeit war extrem gefährlich, da sie von beiden Seiten verdächtigt wurden, mit der jeweils anderen Seite zu sympathisieren.

Die Forschungsstation in Karisoke wurde 1995, nachdem sie völlig zerstört worden war, zwar wieder aufgebaut, aber der Betrieb war noch stark gefährdet. Der Waldboden war von Landminen übersät, und bewaffnete Plünderer bedrohten die Sicherheit der Mitarbeiter – und der Gorillas. Dennoch wurden, wo es möglich war, weiterhin Gorillagruppen von mutigen Naturschützern und Parkaufsehern beobachtet. Ein Konflikt in Zaire, aus dem 1997 die Demokratische Republik Kongo (DRK) wurde, eskalierte, und rassistische Morde breiteten sich im ganzen Land aus. Trotz der Gefahren, die zu den schlimmsten Zeiten der

LINKS Ein junger Gorilla, dessen Zukunft vom ruandischen Bürgerkrieg bedroht ist, späht aus seinem Zufluchtsort im Laub, ein Bild, das 1995 zusammen mit George Schallers NATIONAL-GEOGRAPHIC-Artikel über die Notlage der Gorillas erschien.

1990er-Jahre fast zu einer Einstellung des Naturschutzes in der Region führten, engagierten sich einheimische und ausländische Naturschützer weiterhin für dessen Anliegen.

In seinem NATIONAL-GEOGRAPHIC-Artikel von 1995 berichtete Schaller über den erstaunlichen Einfluss, den das Mountain Gorilla Project selbst in diesen turbulenten Jahren auf die einheimische Bevölkerung hatte:

Die Menschen in Ruanda entwickelten Stolz auf ihre Affen, die Gorillas wurden zu einem Bestandteil der Identität Ruandas, ein Teil des Selbstbildes der Nation … Trotz des Aufruhrs, bei dem Soldaten beider Seiten die Wälder durchquerten, wurden die Gorillas

LINKS Heute wird der verbleibende Berggorillabestand auf ca. 700 Tiere geschätzt. Dies ist hauptsächlich Fossey, ihren Mitarbeitern und denjenigen zu verdanken, die ihre Arbeit in den Jahren nach ihrem Tod fortgesetzt haben.

UNTEN Das Lager, an dessen Aufbau und Erhalt Fossey so hart gearbeitet hatte, wurde im ruandischen Bürgerkrieg zerstört, jedoch sorgfältig wieder aufgebaut, als der Frieden in diesem Gebiet wiederhergestellt war. Heute erinnert jedoch nur noch der Name Karisoke an die Forschungsstation – die Natur hat sich den schönen Ort zurückerobert.

nicht dezimiert. Die RPF drückte sogar während der Kämpfe öffentliches Interesse an der Sicherheit der Gorillas aus. Der neue Premierminister Faustin Twagiramungu hat das Engagement des Landes für die Affen bestätigt. Angesichts der sozialen Notlage in Ruanda ist dies bemerkenswert. Dass eine Spezies selbst in Notzeiten für das Überleben einer anderen kämpft, ist neu in der Evolution. Darin – mehr als in all unserer Technologie – liegt unser Anspruch, menschlich zu sein.

OBEN Die Schönheit der ruandischen Landschaft täuscht über die Jahre politischer Unruhen hinweg, die das Land in den letzten Jahrzehnten geprägt haben.

Allmählich kehrte wieder politische Stabilität in Ruanda ein, und die Naturschutzorganisationen konnten ihre Projekte neu organisieren. Die Notlage der ruandischen und kongolesischen Bevölkerung, die sich von den Auswirkungen des Völkermordes erholte, ist zu einem wesentlichen Bestandteil für das Überleben der Berggorillas und ihres bedrohten Lebensraums geworden. Der DFGF engagiert sich auch weiterhin für die Verhaltensforschung, den Schutz der Gorillas und ihrer Heimatwälder und unterstützt die Einheimischen mit kleineren Entwicklungs- und Aufklärungsprojekten. Die Hütten in Karisoke existieren nicht mehr; die Mitarbeiter wohnen jetzt in der nahe gelegenen Stadt Ruhengeri, von wo aus sie in den Wald gehen, um die Studiengruppen zu beobachten.

Wilderer und Abholzung stellen nach wie vor eine Bedrohung für die restlichen Bestände der östlichen Flachlandgorillas dar, die nur im Osten des Kongo vorkommen. Der Abbau des wertvollen Coltans – ein Erz, das zur Herstellung vieler Elektroteile verwendet wird – geht im Kongo zügig voran und bedroht eine riesige Waldfläche nahe der Grenze zu Ruanda. Etwa 10 000 Pflanzen-, 220 Vogel- und 131 Säugetierarten sind vom Aussterben bedroht, wenn die Abholzung des Waldes und die Wilderei weitergehen. Die ökologischen Auswirkungen auf die übrige Region und ihre Bewohner – die Menschen eingeschlossen – sind unmöglich abzuschätzen.

Eine kürzliche Zählung der Berggorillas gibt jedoch Anlass zur Hoffnung. Die Zählung – die erste, die von afrikanischen

LINKS Eine im Jahr 2003 durchgeführte Zählung ergab eine steigende Zahl von Berggorillas in den Virungas.

Mitarbeitern aus allen drei Ländern durchgeführt wurde – fand 2003 statt und wurde vom »International Gorilla Conservation Programme« (das aus dem MGP hervorging) in Zusammenarbeit mit dem DFGF und anderen Gorillaorganisationen durchgeführt. Die Berggorillabestände in den Virungas (Ruanda, Uganda und DRK) wurden registriert und insgesamt 380 Tiere gefunden. Dies bedeutet ein eindrucksvolles Bevölkerungswachstum des stark bedrohten großen Menschenaffen von 17 % gegenüber der letzten Zählung von 1989. Zusammen mit der einzigen anderen Berggorillapopulation der Welt im Bwindi Impenetrable Forest National Park in Uganda beträgt die Gesamtzahl der Berggorillas auf der Welt jetzt ca. 700 Tiere. Die Lektionen, die man aus der Geschichte der Berggorillas gelernt hat, stehen im Mittelpunkt von GRASP, dem »Great Ape Survival Project« (»Projekt zur Rettung der Menschenaffen«), einem Projekt der Vereinten Nationen, um den Rückgang der Gorilla-, Schimpansen-, Bonobo- und Orang-Utan-Bestände aufzuhalten. Sie gehören, wie die Berggorillas, die Fossey gern »die großartigsten aller Menschenaffen« nannte, auf diesen Planeten. Ihre Existenz sagt viel über unsere eigene Entwicklungsgeschichte aus, und ihre Familienverbände geben Hinweise darauf, wie sich unsere heutigen zwischenmenschlichen Beziehungen und Gesellschaften entwickelt haben. Die Lenkung ihres Schicksals durch den Menschen ist für die Zukunft unserer eigenen Spezies wegweisend.

Das Überleben der Berggorillas ist nicht gesichert. Trotzdem lohnt es sich, wie Dian Fossey glaubte, dafür zu kämpfen.

Bibliografie

Attenborough, David. *Life on Air*. BBC Books, 2002.

Baumgärtel, Walter. *Unter Gorillas. Erlebnisse auf freier Wildbahn*. Fischer, Frankfurt/Main, 1976.

Campbell, Bob. *The Taming of the Gorillas*. Minerva Press, 2000.

Carr, Rosamond Halsey/Howard, Ann Halsey. *Land der tausend Hügel. Mein Leben in Afrika*. Heyne, München 2001.

Fossey, Dian. *Gorillas im Nebel*. Knaur, München, 2002.

Goodall, Alan. *The Wandering Gorillas*. William Collins Sons & Co, 1979.

Gordon, Nicholas. *Murders in the Mist*. Hodder Stoughton, 1993.

Hayes, Harold. *Dian Fossey. Die einsame Frau des Waldes*. Knaur, München, 1993.

Keane, Fergal. *Season of Blood: A Rwandan Journey*. Viking, 1995.

Mowat, Farley. *Das Ende der Fährte. Die Geschichte der Dian Fossey und der Berggorillas in Afrika*. Schweizer Verlagshaus, Zürich, 1988.

Redmond, Ian/Anderson, Peter/Brightling, Geoff. *Affen. Die faszinierende Welt unserer nächsten Verwandten*. (Sehen, Staunen, Wissen) Gerstenberg, Hildesheim, 1996.

Schaller, George. *Unsere nächsten Verwandten*. Fischer, Frankfurt/Main, 1964.

Stewart, Kelly J. *Gorillas*. Colin Baxter Photography, 2003.

Weber, Bill/Vedder, Amy. *In the Kingdom of Gorillas*. Simon and Schuster, 2001.

Danksagung

Ich danke meiner Mutter, die uns die Natur nahe gebracht hat, und meinem Vater, der mich beim Schreiben immer unterstützt hat. Danke auch an Bob Campbell, Ian Redmond, Stephen Orr und Sally MacGill, die den Text gelesen und verbessert haben.

Viele von uns haben persönliche Helden, deren Leistungen und Engagement die eigene Selbstzufriedenheit nur noch stärker hervortreten lassen. Dian Fossey war schon immer eine solche Heldin für mich. Als Kind erfuhr ich zum ersten Mal von ihrer Arbeit, als ich die NATIONAL-GEOGRAPHIC-Zeitschriften las, die meine Mutter für uns kaufte. Dian Fosseys Artikel und Bob Campbells Fotografien machten mich mit der Welt der Berggorillas bekannt und inspirierten mich, Zoologie zu studieren. Sicherlich hat Fossey auch viele andere Menschen auf der ganzen Welt inspiriert. Natürlich hatte auch sie, wie all unsere Idole, ihre Fehler. Doch ihre Zielstrebigkeit, ihr Engagement und ihr Idealismus waren die besonderen Eigenschaften, die dazu beitrugen, dass die Welt auf die Notlage der Berggorillas aufmerksam wurde. Mein Dank gebührt Sonya Newland und Colin Webb, die mir die Gelegenheit gaben, mich intensiv mit Fosseys faszinierendem Leben zu befassen, und den Mitarbeitern des Dian Fossey Gorilla Fund, die ihre schwierige Arbeit in unserem Auftrag fortsetzen.

CAMILLA DE LA BÉDOYÈRE

Wenn nicht anders angegeben, stammen alle Fotos von Bob Campbell. Der Abdruck aller Briefe von Dian Fossey erfolgte mit Genehmigung des Dian Fossey Gorilla Fund.

Seite 12 (oben und unten): Fotos von Carl Akeley, mit freundlicher Genehmigung des American Museum of Natural History; Seite 20, 29, 174: Fotos mit freundlicher Genehmigung des Dian Fossey Gorilla Fund, Europe; Seite 80, 171: Fotos von Ian Redmond; Seite 181, 184: NATIONAL GEOGRAPHIC, Oktober 1995, Fotos von Michael Nichols; Seite 178, 179: Fotos von Fosseys Grab von Adrian Warren, mit freundlicher Genehmigung des Adrian-Warren-Bildarchivs; Seite 179: Filmszene aus *Gorillas im Nebel* (Warner Bros./Universal Studios), mit freundlicher Genehmigung des Bildarchivs Kobal.

Der Verlag möchte Elva Oglanby für ihre Idee zu diesem Buch danken.

Der Dian Fossey Gorilla Fund

»Das Schicksal der Gorillas liegt in den Händen derjenigen, die ihr gemeinsames Erbe, das Land Afrika, die Heimat der Berggorillas, teilen.«

DIAN FOSSEY

Der Dian Fossey Gorilla Fund engagiert sich für den Schutz der letzten 650 Berggorillas in ihrem natürlichen Lebensraum, dem Wald in Zentralafrika. Er wurde von Dian Fossey 1979 nach der Ermordung ihres Lieblingsgorillas Digit durch Wilderer gegründet und entwickelte sich zu einer weltweit anerkannten Naturschutzorganisation.

Zu Beginn sammelte die Stiftung Gelder, um Forschungsprojekte, Patrouillen gegen Wilderer sowie tierärztliche Betreuung zu unterstützen. Doch trotz großer Investitionen blieb die Einstellung der einheimischen Bevölkerung, die den Wald am stärksten bedrohte, unverändert. Und obwohl klar war, dass politische Unruhen und Kriege die Naturschutzbemühungen auch weiterhin gefährden würden, war die Stiftung entschlossen, einen ganzheitlichen und langfristigen Ansatz zu verfolgen – einen Ansatz, der die Bedürfnisse der Einheimischen berücksichtigte und somit deren Einsatz für das Überleben der Gorillas garantierte.

Der Gorilla Fund betreut heute 20 Projekte, die traditionellen Naturschutz und Forschung mit wirtschaftlicher Entwicklung und Aufklärung koppeln. Dazu gehören Gorillabeobachtung, Rangerpatrouillen und Wiederaufforstung sowie Projekte wie die Gründung von Naturschutzclubs in Schulen, die Schulung mittelloser Bauern in ökologischer Landwirtschaft oder Kredite für die Gründung kleiner Unternehmen. Jedes Projekt wird von einer Partnerorganisation vor Ort geleitet und von den Mitarbeitern der Stiftung sowie einem Netz aus Ausbildungszentren in Ruanda, Kongo und Uganda unterstützt.

Dieser Ansatz ist nicht nur kostengünstig, sondern trägt auch zur Stärkung der Eigeninitiative der einheimischen Bevölkerung bei. Das Wissen, dass eine wachsende Gorillapopulation der Region enorme wirtschaftliche Vorteile bringen kann, hat zu einer Art Naturschutzkultur bei den Menschen geführt, die in Nachbarschaft zu den Gorillas leben.

www.dianfossey.org

Register

Kursiv gesetzte Seitenzahlen beziehen sich auf Abbildungen.